焊 接 检 测

主　编　刘治伟

主　审　韦运生

副主编　胡新德　汤一帆

参　编　赵　国　韦真光　刘晓辉　谢旺盛
　　　　邱贤宁　黄　毅　陈智勇　覃世强
　　　　唐　豪　蒋智明　赵　跃

现代教育出版社

图书在版编目（CIP）数据

焊接检测 / 刘治伟主编. —北京：现代教育出版社，2014.7

ISBN 978 - 7 - 5106 - 2267 - 0

Ⅰ.①焊… Ⅱ.①刘… Ⅲ.①焊接－质量检验－教材

Ⅳ.①TG441.7

中国版本图书馆 CIP 数据核字（2014）第 141579 号

焊接检测

主　　编	刘治伟	
责任编辑	刘　杰	

出版发行	现代教育出版社	
地　　址	北京市朝阳区安华里 504 号 E 座	
邮政编码	100011	
电　　话	（010）64244927	
传　　真	（010）64251256	

印　　刷	三河市文阁印刷有限公司	
开　　本	787mm×1092mm　1/16	
印　　张	11	
字　　数	282 千字	
版　　次	2014 年 7 月第 1 版	
印　　次	2014 年 7 月第 1 次印刷	
书　　号	ISBN 978 - 7 - 5106 - 2267 - 0	
定　　价	27.50 元	

前　言

　　《焊接检测》是根据国家职业标准和企业岗位能力要求，与行业、企业专家一起详细分析了实际工作过程，以此梳理并归纳出学习性的工作任务，在此基础上以典型的学习性工作任务为课题任务，以具体的工作过程为课题内容，以实际的工作环境为课题背景而编写的，本书编写采用理论与实践一体化的编写模式，共设有焊件外形尺寸及焊缝外观检验、焊件无损检测、泄漏检测和压力试验、焊件接头破坏性试验四个模块。每个模块又分若干个教学任务，涵盖了焊接产品检测中常用的典型操作。本书学习目标明确，项目任务清晰，相关知识遵循"必需与够用"原则，把相关理论知识及方法的学习和工作任务的实施这两个环节与过程有机结合在一起，突出了学生专业技能、职业能力的培养，体现"以学生为主体、以职业需求为导向"的教育观，具有较强的针对性和实用性。本书主要具有以下特点：学做结合，形式与结构新颖；任务典型，过程完整，安全与质量并重；理论适用，技能突出，步骤与方法明确；图文并茂，通俗易懂，授课与自学容易。

　　本书既可作为中等职业院校的教材，又可作为在职职工岗位培训和自学用书，有很强的适用性。

　　本书由刘治伟任主编，由胡新德、汤一帆任副主编，赵国、韦真光、刘晓辉、谢旺盛、邱贤宁、黄毅、陈智勇、覃世强、唐豪、蒋智明、赵跃任参编，全书由韦运生主审。

　　由于编写时间仓促，书中难免有不足之处，敬请广大读者提出宝贵的意见和建议，以便修订时加以完善。

编　者

目　录

模块一

焊件外形尺寸及焊缝外观检验

在焊接结构件、压力容器、管道的生产制作中，产品的外观必须满足设计要求或符合相关生产质量标准。为保证焊接质量，在焊接后必须按图样或相关标准对焊件进行检验。其中焊接件外形尺寸和焊缝外观检验是焊接制品必须检测的项目，因此本模块主要针对焊接制品外观尺寸及焊缝外观质量进行检测。通过两个学习任务的学习，使学生能正确利用量具对焊接制品外形尺寸、焊缝外观尺寸进行检测，并养成良好的职业素养。

任务1 结构件外形尺寸检验

学习目标

1. 能认识和使用常用检测量具。
2. 能对结构件外形尺寸进行检验。

任务描述

某企业生产了一批如图 1-1-1 所示的焊接钢件制品后支架，现需要检验班组对其外形尺寸进行检验，以判断产品是否符合图样尺寸要求。检验完毕出具一份检验报告单，以便交付该企业验收使用。

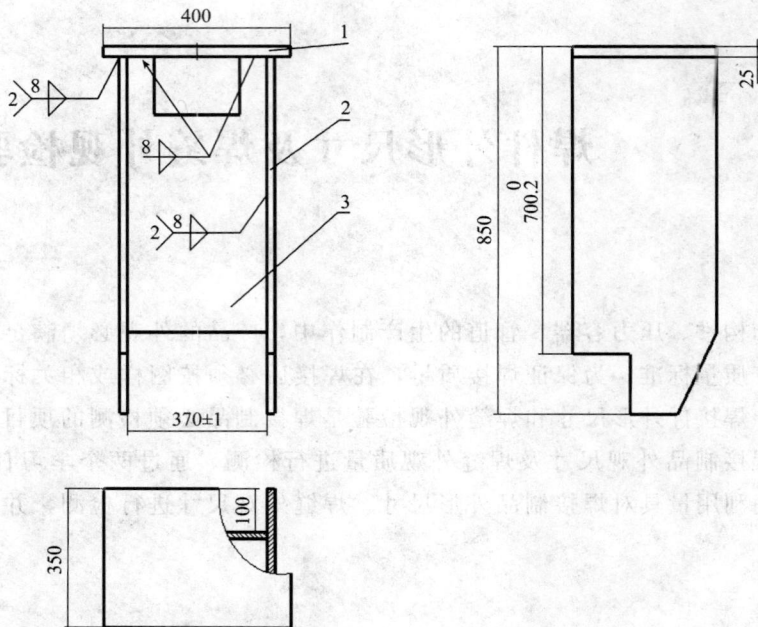

图 1-1-1　后支架

通过图纸分析可知，此焊接制品为普通焊接结构件，加工工艺一般为装配焊接后进行机加工，以保证同轴度和对称度。因此对于焊接后的检验，通常为焊接件外形尺寸的检验。通过本任务的学习，要求掌握结构件检验常用量具的使用和保养，养成良好的工作习惯。

一、焊工常用量具及使用

1. 钢直尺

钢直尺是一种简单的尺寸量具，在尺面上刻有尺寸刻线，最小刻线距为 0.5mm，它的长度规格有 150mm、300mm、1000mm 等多种，如图 1-1-2 所示。

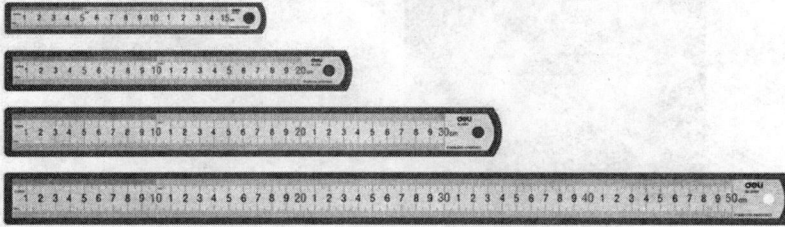

图 1-1-2 不同规格钢直尺

钢直尺用于测量零件的长度尺寸，如图 1-1-3 所示，它的测量结果不太准确。这是由于钢直尺的刻线间距为 1mm，而刻线本身的宽度就有 0.1~0.2mm，所以测量时读数误差比较大，只能读出毫米数，即它的最小读数值为 1mm，比 1mm 小的数值，只能估计而得。

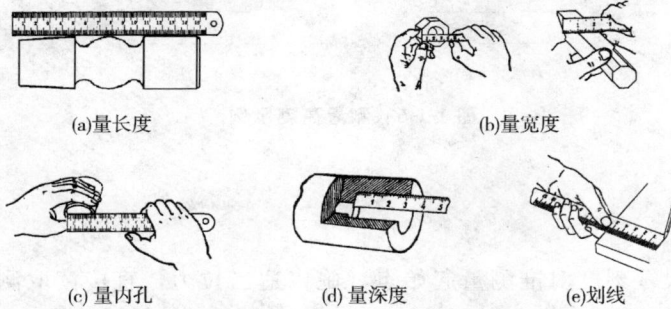

(a)量长度　　　　　　　　　　　　(b)量宽度

(c) 量内孔　　　　(d) 量深度　　　　(e) 划线

图 1-1-3 钢直尺的使用方法

2. 钢卷尺

钢卷尺由带刻度的窄钢片带制成，可卷入盒内，携带方便，是常用尺寸量具。常用规格有 2000mm、3000mm、5000mm 等，如图 1-1-4 所示。较长的有 20m 和 50m，通常称为盘尺。

图 1-1-4 各种规格钢卷尺

（1）使用方法及读数

1）测量长度及高度尺寸，如图 1-1-5、图 1-1-6 所示。

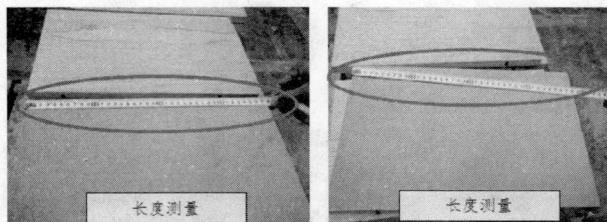

(a)方法正确   (b)方法错误

图 1-1-5　测量长度尺寸示例

(a)方法正确   (b)方法错误

图 1-1-6　测量高度示例

2）读数方法

①直接读数法

测量时钢卷尺零刻度对准测量起始点，施以适当拉力，直接读取测量终止点所对应的尺上刻度。

②间接读数法（见图 1-1-7）

在一些无法直接使用钢卷尺的部位，可以用钢尺或直角尺，使零刻度对准测量点，尺身与测量方向一致；用钢卷尺量取到钢尺或直角尺上某一整刻度的距离，余长用读数法量出。

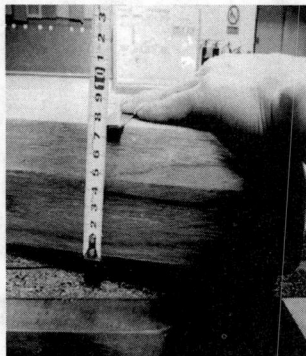

图 1-1-7　间接读数法

（2）钢卷尺使用注意事项：

①保持清洁，测量时不要使其与被测表面磨擦，以防划伤。拉出尺带不得用力过猛，而应缓慢拉出，用毕让它慢慢退回，防止弹坏把爪。

②尺带只能卷，不能折。不允许将卷尺置于潮湿和有酸类气体的地方，以防锈蚀。

③不使用时应尽量放在防护盒中，避免碰撞和擦拭。

3. 游标卡尺

游标卡尺是一种常用的量具，具有结构简单、使用方便、精度中等和测量的尺寸范围大等特点，可以用它来测量零件的外径、内径、长度、宽度、厚度、深度和孔距等，应用范围很广，常见游标卡尺如图 1-1-8 所示。

游标卡尺	带表卡尺	电子数显卡尺

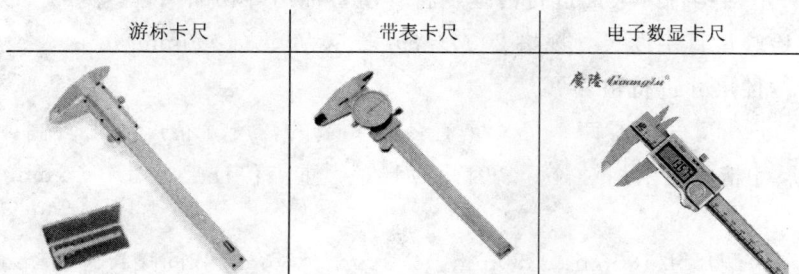

图 1-1-8　常见游标卡尺

游标卡尺的使用和维护注意事项：

（1）使用前应先把量爪和被测工件表面的灰尘和油污等擦干净以免碰伤游标卡尺量爪和影响测量精度，同时检查各部件的相互作用，如尺框和微动装置移动是否灵活、坚固螺钉是否起作用等。

（2）检查游标卡尺零位，使游标卡尺两量爪紧密贴合，用眼睛观察应无明显的光隙。

（3）使用时要掌握好量爪面同工件表面接触时的压力既不太大也不太小，刚好使测量面与工件接触同时量爪还能沿着工件表面自由滑动。有微动装置的游标卡尺应使用微动装置。

（4）游标卡尺读数时应把游标卡尺水平地拿着朝亮光的方向，使视线尽可能地和尺上所读的刻线垂直以免由于视线的歪斜而引起读数误差。

（5）测量外尺寸时读数后，切不可从被测工件上猛力抽下游标卡尺，否则会使量爪的测量面磨损。

（6）不能用游标卡尺测量运动着的工件。

（7）不准以游标卡尺代替卡钳在工件上来回拖拉。

（8）游标卡尺不要放在强磁场附近（如磨床的磁性工作台上）以免游标卡尺感受磁性影响使用。

（9）使用后应当注意使游标卡尺平放，尤其是大尺寸的游标卡尺，否则会使主尺弯曲变形。使用完毕后，应安放在专用盒内。注意不要使它生锈或脏污。

二、焊接结构件外形检验的特点

焊接结构制品通常具有外形尺寸较大，尺寸公差相对也较大的特点，在生产过程中，对焊接结构件的检验通常使用钢卷尺或钢直尺，因此本任务的外形尺寸检测主要使用钢卷尺进行测量。

任务实施

检验前，应对构件外表面进行清理，将焊渣、油污等物品清理。

1. 准备检验量具钢卷尺（规格 2000mm）或钢直尺（1000mm）。

2. 对结构件尺寸进行检测

通过图样分析可知，有两个尺寸是有公差要求的，尺寸精度要求较高，其余为未标注公差，尺寸精度要求相对较低。因此检测时，重点保证尺寸 370±1mm 和 7000-2，检测过程如下：

（1）分别检测尺寸 100mm、350mm、400mm、850mm 和间接尺寸 15mm（件 1 和件 2 连接处），并记录所测量到的实际尺寸。

（2）对重点尺寸 370±1mm 和 7000-2 进行检测，记录所测量到的实际尺寸。

3. 记录检验数值，将数值填入表 1-1-1 中。结合图纸要求，判断尺寸是否合格。

表 1-1-1 后支架外形尺寸检验记录表

检测项目	图样尺寸	实测尺寸	检查结果	检测项目	图样尺寸	实测尺寸	检查结果
100mm	100mm			850mm			
350mm	350mm			7000-2mm			
400mm	400mm			370±1mm			

任务评价

任务评价见表 1-1-2。

表 1-1-2 任务评价表

班级		姓名		日期			
序号		评价要点		评分标准		配分	得分
1		能认识工量具		能识别检测量具		10	
2		检测前准备		焊件表面清理、量具选择正确		20	

3	主要外形尺寸检测项目	检测数值正确	40	
4	量具使用	能正确使用量具	20	
5	安全文明生产	能穿戴各种劳保用品	10	
	总分合计		100	

【思考与练习】

1. 焊工常用量具有哪些?
2. 钢卷尺使用注意事项有哪些?
3. 游标卡尺如何正确使用?

任务 2 焊缝外观质量检验

学习目标

1. 能识读焊接图。
2. 能利用焊缝检验工件对焊缝进行外形尺寸检验。
3. 能识别常见的焊接缺陷。
4. 能正确使用和保养工量具。

任务描述

某企业生产了一批如图 1-2-1 所示的焊接钢件工字梁,现需要检验班组根据图样要求对焊缝外观质量进行检验,以判断产品是否符合图样要求。检验完毕出具一份检验报告单。

学习任务

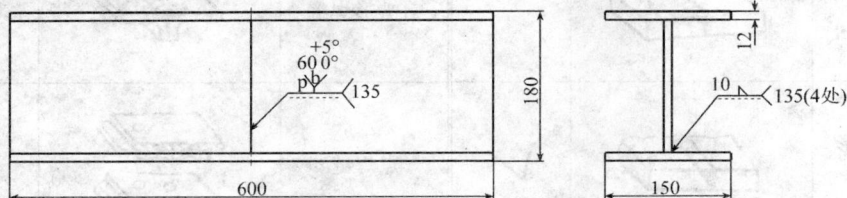

技术要求:
1. 腹板采用两块板拼接,要求单面焊双面成形。
2. 焊后保持焊缝原始状态,不得补焊。
3. 焊缝外形尺寸按《钢结构工程施工质量验收规范》(GB50205－2001)要求进行验收,质量标准达二级。

图 1-2-1 工字梁

焊接质量检验首道工序是进行焊缝外观质量检验，包括焊缝外形尺寸和焊缝外观缺陷检验，质量检验应符合《钢结构工程施工质量验收规范》（GB50205－2001）标准中对焊缝余高、焊缝宽度和角焊缝尺寸等规定。检验前首先了解图样相关信息，如采用的焊接方法、焊缝形式等；其次要认识焊接缺陷的种类；最后根据检验标准，正确使用检验量具对焊缝进行检测。

相关知识

一、焊缝符号

焊缝符号是指在图纸上标注出焊缝形式、焊缝尺寸和焊接方法的符号。由 GB/T324－1998《焊缝符号表示法》（适用于金属熔焊和电阻焊）和 GB/T5185－1999《金属焊接及钎焊方法在图样上的表示代号》进行了规定。焊缝符号一般由基本符号、辅助符号、补充符号、焊缝尺寸符号和指引线组成。

1. 基本符号是表示焊缝横截面形状的符号，它采用近似于焊缝横截面形状的符号表示。见表 1-2-1。

表 1-2-1　基本符号

焊缝名称	焊缝横截面积形状	符号	焊缝名称	焊缝横截面积形状	符号
I 形焊缝		‖	角焊缝		◺
V 形焊缝		∨	塞焊缝或槽焊缝		⊓
带钝边 V 形焊缝		Y	喇叭形焊缝		Y
单边 V 形焊缝	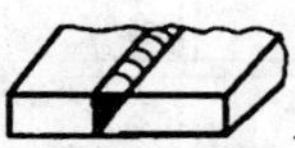	∨	点焊缝		○

续表

焊缝名称	焊缝横截面积形状	符号	焊缝名称	焊缝横截面积形状	符号
带钝边 V 形焊缝		 Y	缝焊缝		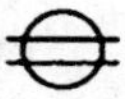 ⊕
带钝边 U 形焊缝		 ⊔	封底焊缝		 ⌣

2. 辅助符号是表示对焊缝表面形状特征辅助要求的符号。辅助符号一般与焊缝基本符号配合使用，当对焊缝表面形状有特殊要求时使用，见表 1-2-2。

表 1-2-2　辅助符号

名称	焊缝辅助符号	符号	说明
平面符号		─	表示焊缝表面平齐
凹面符号		 ⌣	表示焊缝表面凹陷
凸面符号		 ⌢	表示焊缝表面凸起

3. 焊缝补充符号是为了补充说明焊缝某些特征的符号，见表 1-2-3。

表 1-2-3　焊缝补充符号

名称	形式	符号	说明
带垫板符号		▭	表示焊缝底部有垫板
三面焊缝符号	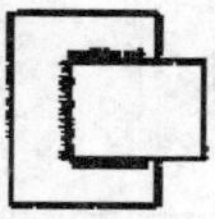	⊏	表示三面焊缝和开口方向
周围焊缝符号		 ○	表示环绕工件周围焊缝

续表

名称	形式	符号	说明
现场符号		⚑	表示在现场或工地上进行焊接
尾部符号		 ＜	指引线尾部符号可参照 GB/T5185—1999标注焊接方法等

4. 焊缝尺寸符号是表示坡口和焊缝各特征尺寸的符号，见表1-2-4。

表1-2-4　焊缝尺寸符号

符号	名称	示意图	符号	名称	示意图
δ	工件厚度	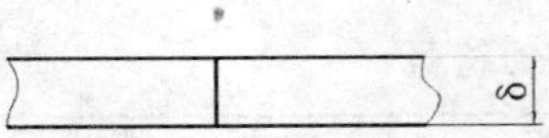	e	焊缝间距	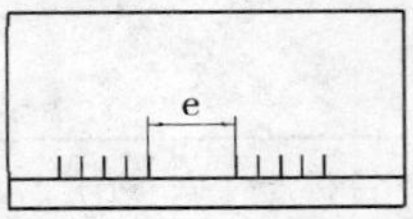
α	坡口角度	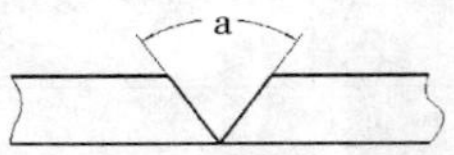	K	焊角尺寸	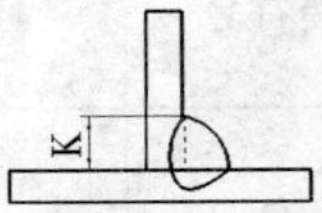
b	根部间隙	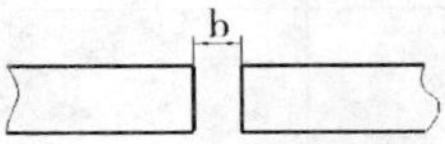	d	熔核直径	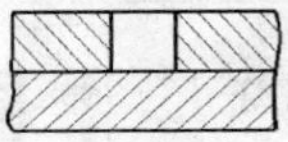
p	钝边	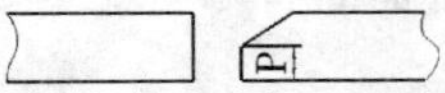	S	焊缝有效厚度	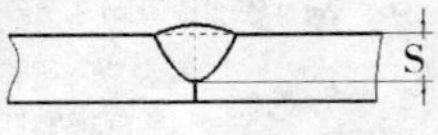
c	焊缝宽度	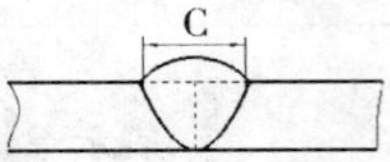	N	相同焊缝数量符号	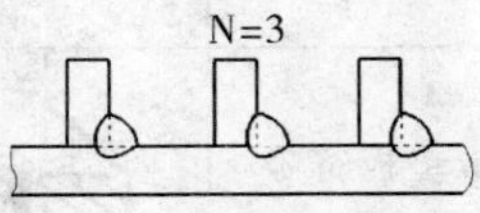
R	根部半径	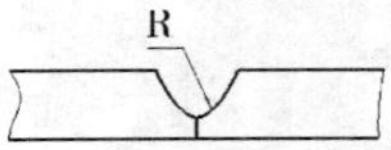	H	坡口深度	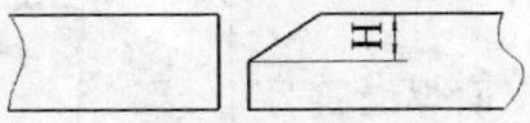
l	焊缝长度	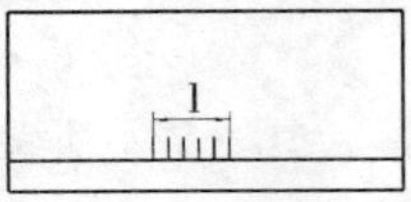	h	余高	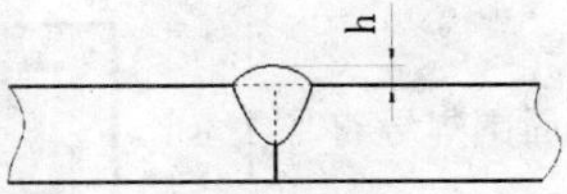

符号	名称	示意图	符号	名称	示意图
n	焊缝段数	n=2	β	坡口面角度	β

5. 指引线是由带箭头的指引线、两条基准线（横线）（一条为实线，另一条为虚线）和尾部组成，见图 1-2-2。

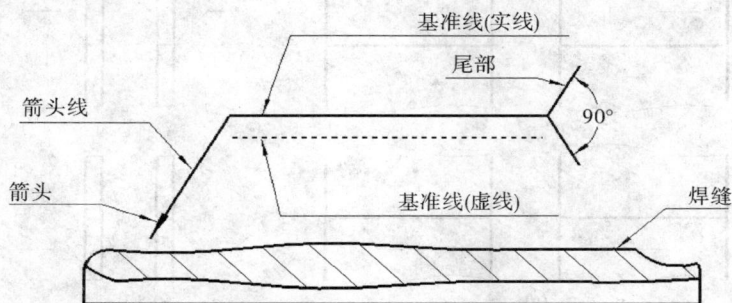

图 1-2-2　指引线

二、焊接方法代号

为了简化焊接方法的标注和文字说明，可采用国家标准 GB/T5185－1999 规定的用阿拉伯数字表示的金属焊接及钎焊等各种焊接方法的代号。焊接方法标注在指引线的尾部。常见焊接方法代号见表 1-2-5。

表 1-2-5　焊接方法代号

名称	焊接方法	名称	焊接方法
电弧焊	1	电阻焊	2
焊条焊接	111	点焊	21
埋弧焊	12	焊缝	22
熔化极惰性气体保护焊（MIG）	131	闪光焊	24
钨极惰性气体保护焊（TIG）	141	气焊	3
压焊	4	氧－乙炔焊	311
超声波焊	41	氧－丙烷焊	312
摩擦焊	42	其他焊接方法	7
扩散焊	45	激光焊	751
爆炸焊	441	电子束	76

三、标注方法

焊缝符号和焊接方法代号必须通过指引线、按照国家标准规定进行标注，才能准确无误的表示焊缝。

1. 指引线的标注位置

箭头线相对焊缝的位置一般没有特殊要求，见图1-2-3（a）、（b）；但是在标注 V、Y、J 形焊缝时，箭头线应指向带有坡口一侧的工件，见图1-2-4（a）、（b）；必要时，允许箭头线弯折一次，如图1-2-4（c）。

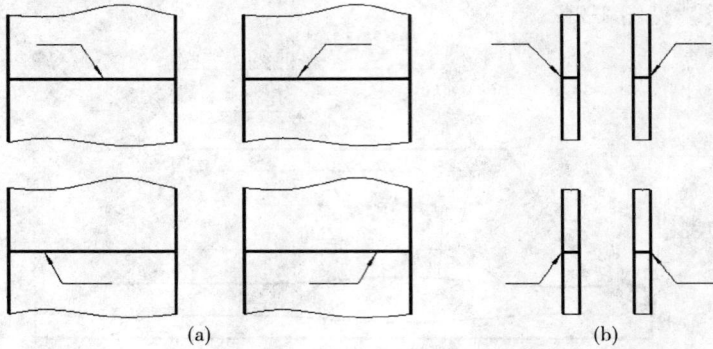

（a）　　　　　　　　　　　　　　（b）

图 1-2-3　指引线的一般标注

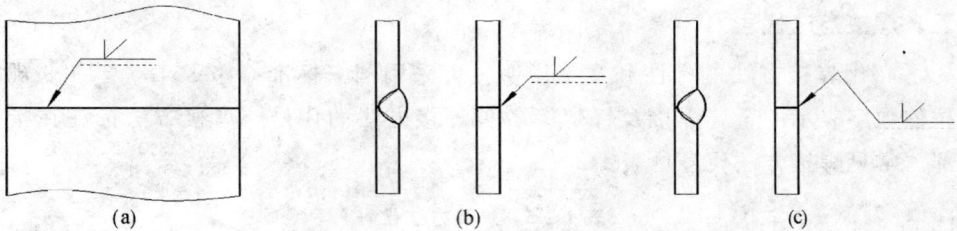

（a）　　　　　　　　　（b）　　　　　　　　　（c）

图 1-2-4　指引线（V、Y、J形焊缝）的标注

2. 基本符号的标注位置

（1）当焊缝在箭头线所指的一侧（箭头侧）为接头的箭头侧见图1-2-5（a）；当焊缝在箭头线所指的一侧的背面（非箭头侧）为接头的非箭头侧见图1-2-5（b）。

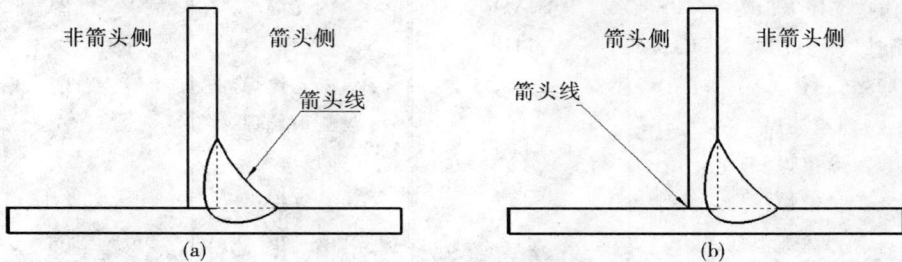

图 1-2-5　基本符号的标注

（2）基准线的位置

基准线的虚线可以画在基准线的实线下侧或上侧。基准线一般应与图样的底边相平行，但在特殊条件下亦可与底边相垂直。

为了能在图样上确切地表示焊缝的位置，特将基本符号相对基准线的位置作如下规定：

①如果焊缝在接头的箭头侧，则将基本符号标在基准线的实线侧，见图 1-2-6（a）；

②如果焊缝在接头的非箭头侧，则将基本符号标在基准线的虚线侧，见图 1-2-6（b）；

③标对称焊缝及双面焊缝时，可不加虚线，见图 1-2-6（c）、（d）。

(a)焊缝在接头的箭头侧　　(b)焊缝在接头的非箭头侧　　(c)对称焊缝　　(d)双面焊缝

图 1-2-6　基本符号相对基准线的位置

3. 焊缝尺寸符号的标注位置

焊缝尺寸符号的标注位置如图 1-2-7 所示。

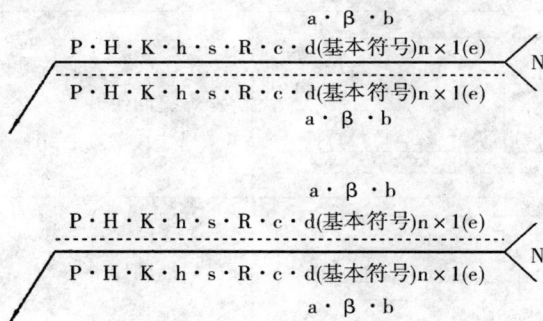

图 1-2-7　焊缝尺寸的标注位置

（1）焊缝横截面上的尺寸标在基本符号的左侧；

（2）焊缝长度方向尺寸标在基本符号的右侧；

（3）坡口角度、坡口面角度、根部间隙等尺寸标在基本符号的上侧或下侧；

（4）相同焊缝数量符号标在尾部。

四、焊缝标注典型示例

常见焊缝标注示例见表 1-2-6。

表 1-2-6　焊缝尺寸标注示例

序号	名称	示意图	焊缝尺寸符号	示例
1	对接焊缝		S：焊缝有效厚度	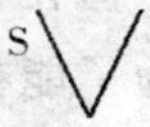 S∨ / S‖ / S⋎
2	卷边焊缝	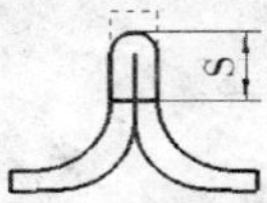	S：焊缝有效厚度	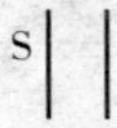 S‖ / S八
3	连续角焊缝	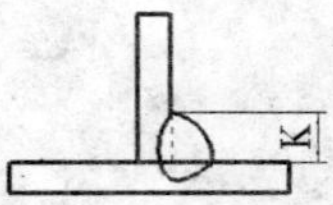	K：焊角尺寸	 K◺
4	断续角焊缝	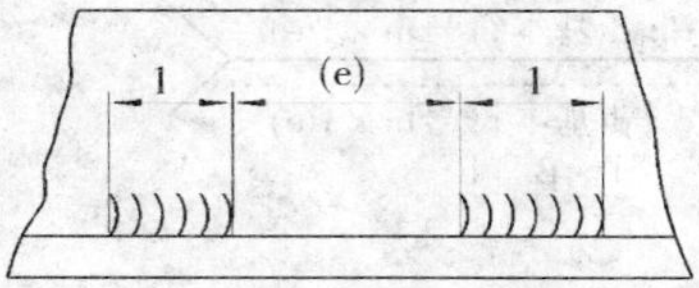	l：焊缝长度（不计弧坑） e：焊缝间距 n：焊缝段数	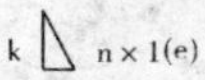 k◺ $n×l(e)$
5	交错断续角焊缝	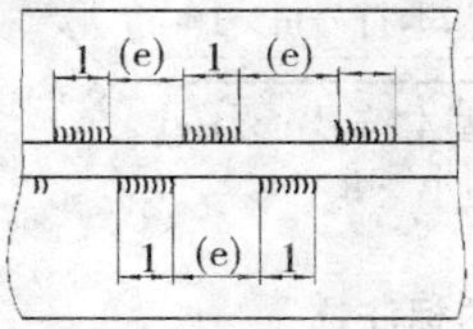	l：焊缝长度（不计弧坑） e：焊缝间距 n：焊缝段数 K：焊角尺寸	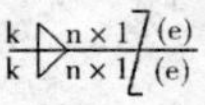 k◺ $n×l/(e)$ k◺ $n×l/(e)$
6	点焊缝	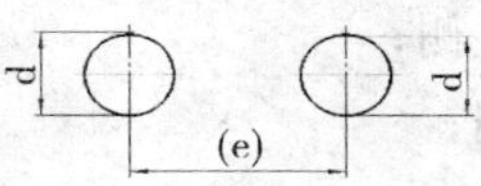	n：焊缝段数 e：间距 d：焊点直径	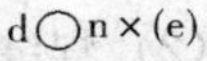 d○ $n×(e)$

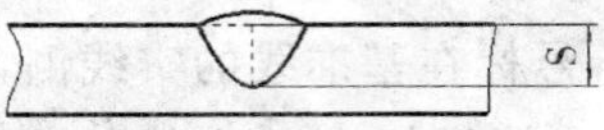

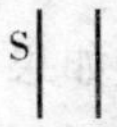

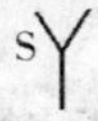

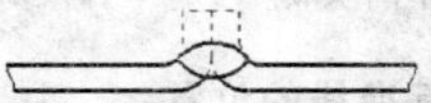

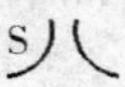

五、焊缝尺寸外观检验量具

1. 焊缝检验尺

（1）焊缝检验尺结构及用途

焊接检测尺由主尺、高度尺、多用尺、咬边深度尺构成。可作一般钢尺使用又可用于测量型钢，板材及管道错位、坡口角度、间隙尺寸、对接组焊缝、X型坡口角度、垂直焊缝高度（对接、角接）角焊缝高度、焊缝宽度、坡口错位、焊缝咬边深度等。图1-2-8所示为HJC60型焊缝检验尺结构。

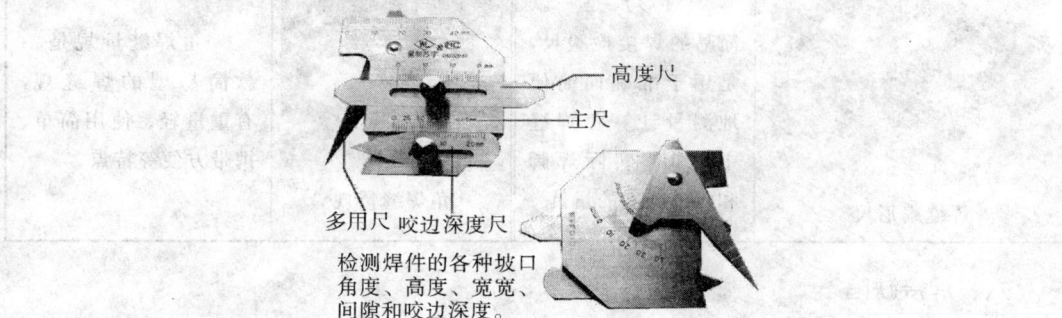

图 1-2-8　HJC60 型焊缝检验尺

（2）焊接检验尺的保养

①焊接检验尺不能与其它工具堆放在一起，以免变形造成划伤，刻线模糊，影响精度。

②不允许用香蕉水擦洗刻度部位。

③多用尺上的间隙尺，不能当工具用。

2. 其他检测量具

在进行焊缝外观尺寸检验时，还常常用到各类量规、样板等，常见的如表1-2-7所示。

表 1-2-7　其他焊缝检测量具

焊缝量具	用途	焊缝量具	用途
凸轮式焊接检验尺	是一种简易焊缝尺，材料为高强度不锈钢。有不易弯曲，读数准确，刻线清晰等特点。能快速准确地测量大多数焊缝尺寸	锥形尺、楔形塞尺	锥形尺、楔形塞尺具有结构简单、合理、测量方便、快捷的特点，将塞尺置于被测间隙或孔径即可读数。主要适用于内径测定、孔径测定、装配间隙测定等场合

焊缝量具	用途	焊缝量具	用途
焊缝扇形尺	扇形尺是一款简易的焊接检验尺，是用于准确而简便地测量计算角焊缝中焊脚、实际焊脚和焊缝凸度的量具	角焊缝量规	角焊缝量规是一款简易型的焊缝规，有重量轻、使用简单、携带方便等特点

六、焊接缺陷

1. 焊接缺陷的分类

焊接过程中在焊接接头中产生的金属不连续、不致密或连接不良的现象称为焊接缺陷。焊接缺陷的种类很多，按其在焊缝中的位置不同，可分为外部缺陷和内部缺陷两大类。

（1）外部缺陷

外部缺陷位于焊缝外表面，用肉眼或低倍放大镜就可以看到。如焊缝形状尺寸不符合要求、咬边、焊瘤、烧穿、凹坑与弧坑、表面气孔和表面裂纹等。

（2）内部缺陷

内部缺陷位于焊缝内部，这类缺陷可用无损探伤检验或破坏性检验方法来发现。如未焊透、未熔合、夹渣、内部气孔和内部裂纹等。金属熔焊焊缝缺陷按 GB6417－86 规定，可分为 6 大类：即裂纹、孔穴（气孔、缩孔）、固体夹渣、未熔合和未焊透、形状缺陷（如咬边、下塌、焊瘤等）及其他缺陷。

2. 焊接缺陷的危害

焊接接头中的缺陷，不仅破坏了接头的连续性，而且还引起了应力集中，缩短结构使用寿命，严重的甚至会导致结构的脆性破坏，危及生命财产安全。焊接缺陷的危害主要是指以下两个方面：

（1）引起应力集中

在焊接接头中，凡是结构截面有突然变化的部位，其应力的分布就特别不均匀，在某点的应力值可能比平均应力值大许多倍，这种现象称为应力集中。在焊缝中存在的焊接缺陷是产生应力集中的主要原因。如焊缝中的咬边未焊透、气孔、夹渣、裂纹等，不仅减小了焊缝的有效承载截面积，削减了焊缝的强度，更严重的是在焊缝或焊缝附近造成缺口，由此而产生很大的应力集中。当应力值超过缺陷前端部位金属材料的抗拉强度时，材料就开裂，接着新开裂的端部又产生应力集中，使原缺陷不断扩展，直至产品破裂。

（2）造成脆断

从国内外大量脆性事故的分析中可以发现，脆断部位是从焊接接头中的缺陷开始的。这是一种很危险的破坏形式。因为脆性断裂是结构在没有塑性变形情况下产生的突发性断裂，其危害性很大。防止结构脆断的重要措施之一就是尽量避免和控制焊接缺陷。焊接结构中危害性最大的缺陷是裂纹和未熔合。

3. 焊接缺陷产生的原因及防止措施

（1）焊缝形状尺寸不符合要求

焊缝形状及尺寸不符合要求主要是指焊缝外形高低不平，波形粗劣；焊缝宽窄不均，太宽或太窄；焊缝余高过高或高低不均；角焊缝焊脚不均以及变形较大等，如图 1-2-9 所示。

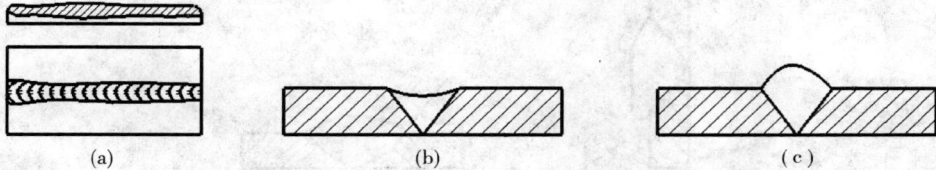

（a）　　　　　　　　　　（b）　　　　　　　　　　（c）

图 1-2-9　焊缝形状及尺寸不符合要求

（a）焊缝高低不平，宽窄不一　　（b）余高过低　　（c）余高过高

焊缝宽窄不均，除了造成焊缝成形不美观外，还影响焊缝与母材的结合强度；焊缝余高太高，使焊缝与母材交界突变，形成应力集中，而焊缝低于母材，就不能得到足够的接头强度；角焊缝的焊脚不均，且无圆滑过渡也易造成应力集中。

产生焊缝形状及尺寸不符合要求的原因：主要是由于焊接坡口角度不当或装配间隙不均匀；焊接电流过大或过小；运条速度或手法不当以及焊条角度选择不合适；埋弧焊主要是由于焊接工艺参数选择不当。

防止措施：选择正确的坡口角度及装配间隙；正确选择焊接工艺参数；提高焊工操作技术水平，正确地掌握运条手法和速度，随时适应焊件装配间隙的变化，以保持焊缝的均匀。

（2）咬边

由于焊接工艺参数选择不当或操作方法不正确，沿焊趾的母材部位产生的沟槽或凹陷称为咬边，如图 1-2-10 所示。

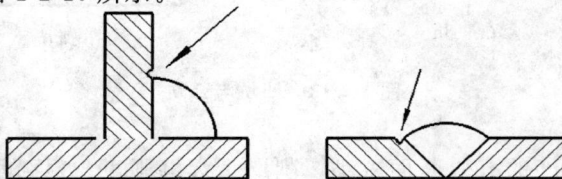

图 1-2-10　咬边

咬边减少了母材的有效面积，降低了焊接接头强度，并且在咬边处形成应力集中，容易引发裂纹。

产生咬边的原因：主要是由于焊接电流过大以及运条速度不合适；角焊时焊条角度或电弧长度不适当；埋弧焊的焊接速度过快等。

防止措施：主要为选择适当的焊接电流、保持运条均匀；角焊时焊条要采用合适的角度和保持一定的电弧长度；埋弧焊时要正确选择焊接工艺参数。

（3）焊瘤

焊瘤是焊接过程中，熔化金属流淌到焊缝之外未熔化的母材上所形成的金属瘤，如图 1-2-11 所示。

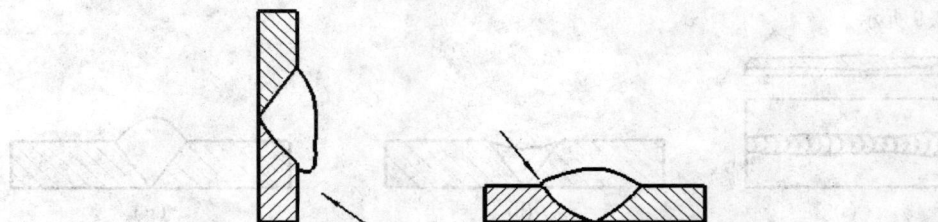

图 1-2-11 焊瘤

焊瘤不仅影响了焊缝的成形，而且在焊瘤的部位往往还存在着夹渣和未焊透。

产生焊瘤的原因：主要是由于焊接电流过大，焊接速度过慢，引起熔池温度过高，液态金属凝固较慢，在自重作用下形成。操作不熟练和运条不当，也易产生焊瘤。

防止措施：主要有提高操作技术水平，选用正确的焊接电流，控制熔池的温度。使用碱性焊条时宜采用短弧焊接，运条方法要正确。

（4）凹坑与弧坑

凹坑是焊后在焊缝表面或背面形成的低于母材表面的局部低洼部分。弧坑是在焊缝收尾处产生的下陷部分，如图 1-2-12 所示。

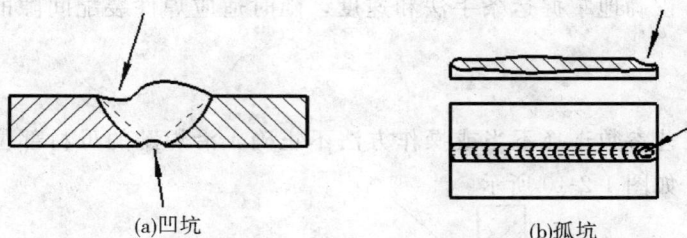

(a)凹坑   (b)弧坑

图 1-2-12 凹坑与弧坑

凹坑与弧坑使焊缝的有效断面减小，削弱了焊缝强度。对弧坑来说，由于杂质的集中，会导致产生弧坑裂纹。

产生凹坑与弧坑的原因：主要是由于操作技能不熟练，电弧拉得过长；焊接表面焊缝时，焊接电流过大，焊条又未适当摆动，熄弧过快；过早进行表面焊缝焊接或中心偏移等都会导致凹坑；埋弧焊时，导电嘴压得过低，造成导电嘴粘渣，也会使表面焊缝两侧凹陷等。

防止措施：提高焊工操作技能；采用短弧焊接；填满弧坑，如焊条电弧焊时，焊条在收尾处作短时间的停留或作几次环形运条；使用收弧板；CO_2 气体保护焊时，选用有"收弧功能"装置的焊机。

（5）下塌与烧穿

下塌是指单面熔焊时，由于焊接工艺不当，造成焊缝金属过量而透过背面，使焊缝正面塌陷，背面凸起的现象。烧穿是在焊接过程中，熔化金属自坡口背面流出，形成穿孔的缺陷，如图 1-2-13 所示。

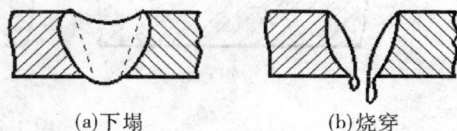

图 1-2-13　下塌与烧穿

塌陷和烧穿是在焊条电弧焊和埋弧自动焊中常见的缺陷，前者削弱了焊接接头的承载能力；后者则是使焊接接头完全失去了承载能力，是一种绝对不允许存在的缺陷。

产生下塌和烧穿的原因：主要是由于焊接电流过大，焊接速度过慢，使电弧在焊缝处停留时间过长；装配间隙太大，也会产生上述缺陷。

防止措施：正确选择焊接电流和焊接速度；减少熔池高温停留时间；严格控制焊件的装配间隙。

（6）表面裂纹

表面裂纹是焊接裂纹的一种，即焊接接头表面由于局部结合遭受破坏而形成。它具有尖锐的缺口和大的长宽比，在焊件工作过程中会扩大，甚至会使结构突然断裂，是接头中最危险的缺陷，一般不允许存在。如图 1-2-14 所示。

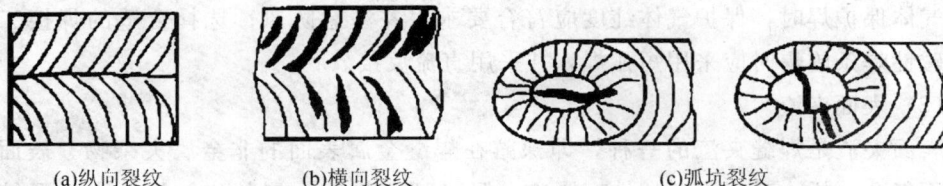

(a)纵向裂纹　　　(b)横向裂纹　　　(c)弧坑裂纹

图 1-2-14　焊缝表面裂纹

形成的主要原因：焊件应力的存在和低熔点共晶体的形成。焊接过程中产生拉应力是产生裂纹的外因，晶界上的低熔点共晶体是产生裂纹的内因。

预防措施：控制焊缝化学成分；改变焊缝组织状态，即降低焊件焊后的冷却速度。

（7）气孔

焊接时，熔池中的气泡在凝固时未能及时逸出而残留下来所形成的空穴叫做气孔。产生气孔的气体主要有氢气、氮气和一氧化碳。气孔有球形、条虫状和针状等多种形状。气孔有时是单个分布的，有时是密集分布的，也有连续分布的，如图 1-2-15 （a）、（b） 所示。气孔有时在焊缝内部，有时暴露在焊缝外部，如图 1-2-15 （c） 所示。

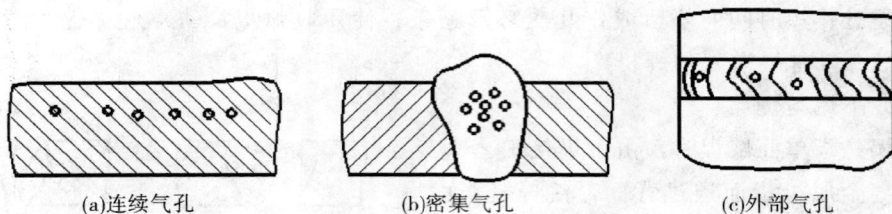

(a)连续气孔   (b)密集气孔   (c)外部气孔

图 1-2-15　焊缝中的气孔

气孔的存在会削弱焊缝的有效工作断面，造成应力集中，降低焊缝金属的强度和塑性，尤其是冲击韧度和疲劳强度降低得更为显著。

气孔产生的原因：焊接时高温的熔池内存在着各种气体，一部分是能溶解于液态金属中的氢气和氮气。氢和氮在液、固态焊缝金属中的溶解度差别很大，高温液态金属中的溶解度大，固态焊缝中的溶解度小。另一部分是冶金反应产生的不溶于液态金属的一氧化碳等。焊缝结晶时，由于溶解度突变，熔池中就有一部分超过固态溶解度的"多余的"氢、氮。这些"多余的"氢、氮与不溶解于熔池的一氧化碳就从液体金属中析出形成气泡上浮，由于焊接熔池结晶速度快，气泡来不及逸出而残留在焊缝中形成了气孔。

防止气孔的措施：焊前将焊接坡口两侧 20～30mm 范围内的焊件表面清理干净；焊条和焊剂按规定进行烘干，不得使用药皮开裂、剥落、变质、偏心或焊芯锈蚀的焊条，气体保护焊时，保护气体纯度应符合要求，并注意防风；选择合适的焊接工艺参数；碱性焊条施焊时应采用短弧焊，并采用直流反接。

（8）表面夹渣

表面夹渣是焊缝夹渣的一种，即裸露在焊缝金属表面的非金属夹杂物。表面夹渣与表面气孔一样，对强度、塑性有影响，且破坏了焊缝金属的连续性，降低了结构的致密性。

产生夹渣的原因：主要是由于焊件边缘及焊道、焊层之间清理不干净；焊接电流太小，焊接速度过大，使熔渣残留下来而来不及浮出；运条角度和运条方法不当，使熔渣和铁液分离不清，以致阻碍了熔渣上浮等。

防止措施：采用具有良好工艺性能的焊条；选择适当的焊接工艺参数；焊前、焊间要做好清理工作，清除残留的锈皮和熔渣；操作过程中注意熔渣的流动方向，调整焊条角度和运条方法，特别是在采用酸性焊条时，必须使熔渣在熔池的后面，若熔渣流到熔池的前面，就很容易产生夹渣等。

（9）未焊透

未焊透是焊接时接头根部未完全熔透的现象，对于对接焊缝也指焊缝厚度未达到设计要求的现象，如图 1-2-16 所示。根据未焊透产生的部位，可分为根部未焊透、边缘未焊透、中间未焊透和层间未焊透等。未焊透是一种比较严重的焊接缺陷，它使焊缝的强度降低，引起应力集中。因此重要的焊接接头不允许存在未焊透。

产生未焊透的原因：主要是由于焊接坡口钝边过大，坡口角度太小，装配间隙太小；焊接电流过小，焊接速度太快，使熔深浅，边缘未充分熔化；焊条角度不正确，电弧偏吹，使电弧热量偏于焊件一侧；层间或母材边缘的铁锈或氧化皮及油污等未清理干净。

防止措施：正确选用坡口形式及尺寸，保证装配间隙；正确选用焊接电流和焊接速度；认真操作，防止焊偏，注意调整焊条角度，使熔化金属与基本金属充分熔合。

图 1-2-16　未焊透

（10）未熔合

未熔合是指熔焊时，焊道与母材之间或焊道与焊道之间未完全熔化结合的部分，如图 1-2-17 所示。对于电阻点焊，母材与母材之间未完全熔化结合的部分，也称为未熔合。

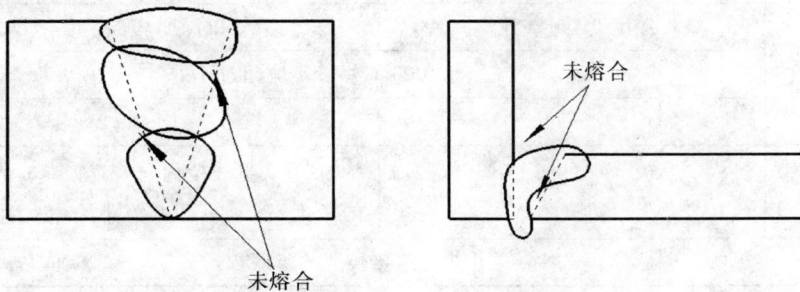

图 1-2-17　未熔合

未熔合直接降低了接头的力学性能，严重的未熔合会使焊接结构无法承载。

产生未熔合的原因：主要是由于焊接热输入太低；焊条、焊丝或焊炬火焰偏于坡口一侧，使母材或前一层焊缝金属未得到充分熔化就被填充金属覆盖；坡口及层间清理不干净；单面焊双面成形焊接时第一层的电弧燃烧时间短等。

防止措施：焊条、焊丝和焊炬的角度要合适，运条摆动应适当，要注意观察坡口两侧熔化情况；选用稍大的焊接电流和火焰能率，焊速不宜过快，使热量增加足以熔化母材或前一层焊缝金属；发生电弧偏吹应及时调整角度，使电弧对准熔池；加强坡口及层间清理。

七、GB50205－2001焊缝外观质量检验标准

焊缝表面不得有裂纹、焊瘤等缺陷。一级、二级焊缝不得有表面气孔、夹渣、弧坑裂纹、电弧擦伤等缺陷。且一级焊缝不得有咬边、未焊满、根部收缩等缺陷，外观质量检验标准见表1-2-8、表1-2-9。

表1-2-8　二级、三级焊缝外观质量标准

项目	允许偏差	
缺陷类型	二级	三级
未焊满	≤0.2＋0.02t，且≤1.0	≤0.2＋0.04t，且≤2.0
	每100.0焊缝内缺陷总长≤25.0	
根部收缩	≤0.2＋0.02t，且≤1.0	≤0.2＋0.04t，且≤2.0
	长度不限	
咬边	≤0.05t，且≤0.5；连续长度≤100.0，且焊缝两侧咬边总长≤10％焊缝全长	≤0.1t，且≤1.0，长度不限
弧坑裂纹	—	允许存在个别长度≤5.0的弧坑裂纹
电弧擦伤	—	允许存在个别电弧擦伤
接头不良	缺口深度0.05t，且≤0.5	缺口深度0.1t，且≤1.0
	每1000.0焊缝不应超过1处	
表面夹渣	—	深≤0.2t 长≤0.2t，且≤20.0
表面气孔	—	每50.0焊缝长度内允许直径≤0.4t，且≤3.0的气孔2个，孔距6倍孔径

注：表内t为连接较薄的板厚

表1-2-9　焊缝外观尺寸允许偏差

项目	图例	允许偏差	
		一、二级	三级
对接焊缝余高h		C<20：0～3.0 C≥20：0～4.0	C<20：0～4.0 C≥20：0～5.0

项目	图例	允许偏差	
对接焊缝错边量 d	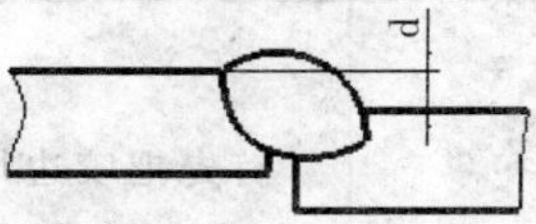	d＜0.15t，且≤2.0	d＜0.15t，且≤3.0
焊角尺寸 K	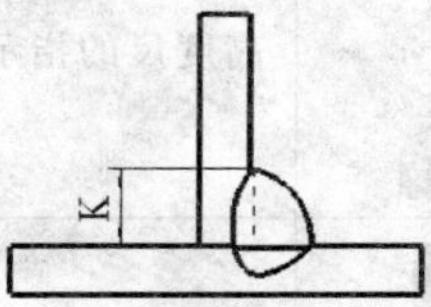	K≤6：0～1.5 K＞6：0～3.0	
角焊缝凸度	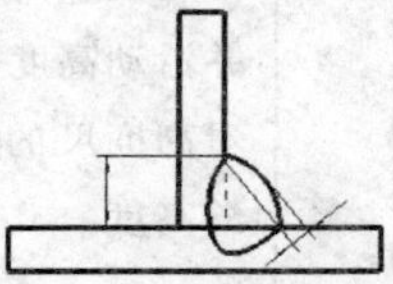	K≤6：0～1.5 K＞6：0～3.0	

八、焊接检测步骤

1. 焊件表面清理

2. 焊件外观检验前，通常先对焊缝表面进行清理，保证无焊渣、飞溅物等妨碍检测的附着物。

3. 根据质量检验标准，对焊缝实施检验。

4. 记录检验数据。

5. 根据检测结果评定焊缝质量。

任务实施

一、检测前准备

1. 检测量具准备

准备检测工作平台、焊接检验尺、卡尺、钢直尺等。

2. 被检工件的清理

用錾子或钢丝刷清理焊缝表面及附近区域的焊渣、飞溅、污物，确保没有影响检测和评定的异物存在。

二、检测操作

根据表 1-2-8 和表 1-2-9 的检验标准，分别对焊缝的宽度、宽度差、高度、高度差、焊角尺寸、咬边等进行逐项检测。各项检测方法如表 1-2-10 所示。

表 1-2-10　焊件外形尺寸检测方法

检测项目	检测示意图	操作说明
①测量焊缝余高		首先把咬边尺对准零，并紧固螺丝，然后滑动高度尺与焊点接触，高度尺的指示值，即为焊缝高度
②检测焊角尺寸		用该尺的工作面靠紧焊件和焊缝，并滑动高度尺与焊件的另一边接触，看高度尺的指示线，指示值即为焊缝高度
③检查角焊缝厚度		首先把主体的工作面与焊件靠紧，并滑动高度尺与焊点接触，高度尺所指示值即为焊缝厚度
④测量咬边深度		首先把高度尺对准零位，并紧固螺丝，然后使用咬边尺测量咬边深度，看咬边尺指示值，即为咬边深度
⑤测量焊缝宽度		先用主体测量角靠紧焊缝的一边，然后旋转多用尺的测量角靠紧焊缝的另一边，看多用尺上的指示值，即为焊缝宽度

检测项目	检测示意图	操作说明
⑥测量装配间隙		用多用尺插入两焊件之间，看多用尺上间隙尺所指值，即为间隙值

三、记录检测数据

将检测的结果进行记录，对于不合格的数据必须进行标记，本焊件焊缝外观检测数据如表 1-2-11、表 1-2-12 所示。

表 1-2-11 对接焊缝外观检测数据记录

检查项目	标准	焊缝等级				测评数据
		I	II	III	IV	
焊缝余高	尺寸标准	0～2	>2～3	>3～4	<0，>4	2
高度差	尺寸标准	≤1	>1～2	>2～3	>3	1
焊缝宽度	尺寸标准	17～19	>19～21	>21～23	<17，>23	18
宽度差	尺寸标准	≤1.5	>1.5～2	>2～3	>3	1.2
咬边	尺寸标准	无咬边	深度≤0.5		深度>0.5	无
背面凹	尺寸标准	0～0.5	>0.5～1	>1～2		0.5
背面凸	尺寸标准	0.5～1	>1～2	>2		1
角变形	尺寸标准	0～1	>1～2	>2～3	>3	1
检测结果		合格				

表 1-2-12 基本符号

检查项目	标准	焊缝等级				测评数据
		I	II	III	IV	
焊脚尺寸	标准（mm）	10	>9，≤11	>11，≤12	<8，>12	9
焊缝凸度	标准（mm）	≤1	>1，≤2	>2，≤3	>3	1
垂直度	标准（mm）	0	≤1	≤2	>2	0
表面气孔	标准：（个）	无	有	有	有	无

续表

检查项目	标准	焊缝等级				测评数据
		I	II	III	IV	
焊道层数	标准：（道）	2 或 3	1 或 4			3
咬边	标准（mm）	0	深度≤0.5 且长度≤15	深度≤0.5 长度>15，≤30	深度>0.5 或长度>30	0
检测结果		合格				

四、检测结果评定

根据检验测量记录的数据，按表 1-2-8 和表 1-2-9 中的标准进行评定，以确定是否满足标准要求。

本焊件焊缝外观检测评定结果为：合格。

任务评价

班级		姓名			日期	
序号	评价要点		评分标准		配分	得分
1	评定标准查询		能查阅标准		10	
2	检测前准备		焊件表面清理、量具选择正确		20	
3	焊缝尺寸检测		能进行焊缝外形尺寸检验		30	
4	焊接缺陷检验		能认识焊接缺陷并进行检验		30	
5	量具使用		能正确使用量具		10	
总分合计					100	

【思考与练习】

1. 简述焊缝外观检测的主要内容包括哪些？

2. 常见的焊接缺陷是如何形成的？

3. 如何根据检测数据判断焊缝是否合格？

模块二

焊件无损检测

在焊接结构件、焊接容器、焊接管道的生产中，焊缝质量检测除了外观质量检测外，还包括焊缝内部质量检测。目前对焊缝内部质量进行检测的方法主要是无损检测。

无损检测是指用超声探伤、射线探伤、磁粉探伤或渗透探伤等手段，在不损坏被检查焊缝性能和完整性的情况下，对焊缝质量是否符合规定要求和设计意图所进行的检验。

任务 1　射线探伤

学习目标

1. 能叙述射线探伤的原理。
2. 认识射线探伤设备及操作规程。
3. 能懂得射线探伤工艺及流程。
4. 能进行 X 摄像探伤底片缺陷识别及质量评级。
5. 能正确维护、保养设备。

任务描述

图 2-1-1 所示为国家奥林匹克焊接比赛焊件，材料为 Q235，板对接焊缝为 V 形坡口对接立位焊，要求采用焊条电弧焊单面双面成形。焊后按标准《金属熔化焊焊接接头射线照相》（GB/3323－2005）对焊缝进行 100%X 射线探伤检测，I 级为合格。现请检验班组根据相关标准及检测方法，对该容器进行 X 射线探伤检测。

受压容器综合件
(国家级奥林匹克考试课题)

技术要求
1.立位单面焊双面成形。
2.钝边高度和间隙自定。
3.焊后进行X射线探伤，焊缝质
　量符合GB/3323-2005 I级标准。

(a) 受压容器焊件实物　　　　　　　　　(b) 受压容器焊接图样

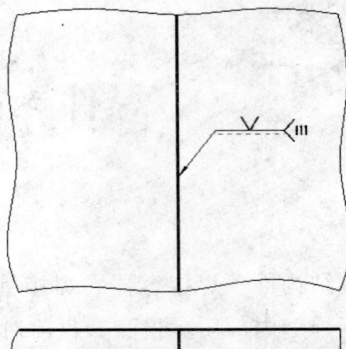

图 2-1-1　受压容器

任务分析

　　要进行 X 摄像探伤检测，首先应了解射线探伤相关知识，包括射线探伤原理及特点、射线探伤基本知识、探伤设备、工具使用要求；其次能根据试件的板厚、射线检测比例等进行射线设备的选定，最后能进行探伤工艺的制定及检测操作，并根据射线底片对焊缝进行分级评定。

相关知识

一、射线探伤原理及特点

1. 射线探伤原理

　　射线探伤（Radiographic Testing，简称 RT）是利用射线源发出贯穿性的辐射线穿透物质，使胶片感光，物质中的缺陷影像便显示在经过暗室处理后的射线照相底片上，从而来发现物质内部缺陷的一种无损探伤方法。它可以检查金属和非金属材料及其制品的内部缺陷，如焊缝中的气孔、夹渣、未焊透等体积性缺陷，射线探伤原理如图 2-1-2 所示。

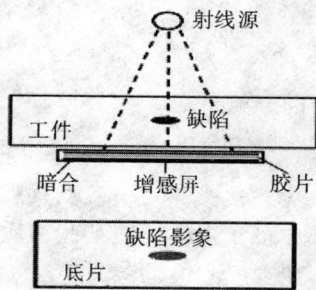

图 2-1-2 射线探伤原理

2. 射线探伤优点

检验缺陷直观性、准确性、可靠性和对工件无损性，而且，得到的射线底片可用于缺陷的分析和作为质量凭证存档。

3. 射线探伤缺点

设备较复杂、工序多、成本较高，需要对射线进行有效防护等。

二、射线基本知识

射线的种类多种很多，如 X 射线、γ 射线、α 射线、β 射线、电子射线和中子射线等。常用来检测焊缝的有 X 射线、γ 射线。

1. X 射线的产生及性质

（1）X 射线的产生

用来产生 X 射线的装置是 X 射线管，它由阴极、阳极和真空玻璃（或金属陶瓷）外壳组成，阴极通以电流加热至白炽时，其阳极周围形成电子云，当在阳极与阴极间施加高压时，电子为阴极排斥而为阳极吸引，加速穿过真空空间，高速运动的电子束集中轰击金属靶，电子被阻挡减速和吸收，其部分动能（约 1%）转换为 X 射线，其余99% 以上的能量变成热能。图 2-1-3 为真空管型号 X 射线发生器的原理图。

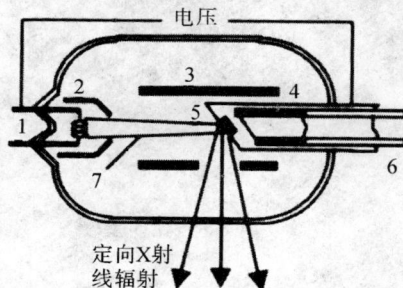

图 2-1-3 真空管型号 X 射线发生器的原理

1：灯丝 2：聚焦罩 3：遮光罩 4：阳极 5：靶 6：冷却管 7：电子流

（2）X 射线的性质

①不可见，以光速直线传播。

②不带电，不受电场和磁场的影响。

③具有穿透可见光不能穿透的物质如骨骼、金属等的能力，并且在物质中有衰减的特性。

④可以使物质电离，能使胶片感光，亦能使某些物质产生荧光。

⑤能起生物效应，伤害和杀死细胞。

2.γ射线的产生及其特性

（1）γ射线的产生：γ射线是由放射性物质（$^{60}C_o$、^{192}Ir 等）内部原子核的衰变过程产生的。

（2）γ射线的性质：射线的性质与 X 射线相似，由于其波长比 X 射线短，因而射线能量高，具有更大的穿透力。例如，目前广泛使用的 γ 射线源$^{60}C_o$。它可以检查250mm 厚的铜质焊件、350mm 厚的铝制焊件和 300mm 厚的钢制焊件。

3. 射线的衰减

当射线穿透物质时，由于物质对射线有吸收和散射作用，从而引起射线能量的衰减，这种现象称之为射线的衰减。

三、射线探伤器材

射线探伤器材包括射线探测室、射线机、射线胶片、增感屏、评片灯及评片辅助工具等。

1. 射线探测室（见图 2-1-4）。

图 2-1-4　射线探伤室

（1）探伤室面积一般为 40～70m²，墙体通常采用混凝土与铁粉混合浇注结构，四周防护墙墙体厚度约 550mm，顶棚厚度约 600mm，工件门为电动推移门，门与墙体之间的间隙约 10mm。工作人员进出门为铅板，门与墙体之间的间隙约为 8mm。门与墙体之间的搭接均超过缝隙的 10 倍，具备射线防护能力。监测结果要符合探伤室防护能力《工业 X 射线探伤放射卫生防护标准》（GBZ117－2006）的相关要求。

（2）探伤室的防护门与 X 射线装置之间设有门机联锁装置与灯光警示装置，探伤室必须在两扇防护门均关闭的情况下，探伤机方能工作。

（3）探伤室采用开门自然通风。

（4）在防护门、操作室门上设有明显的电离辐射标志，设置了警示灯。

2. 射线机

射线机品种比较多，常用有 X 射线机和 γ 射线机。

（1）X 射线探伤机

X 射线探伤机由 X 射线发生器、操纵台和低压连接电缆三部分组成，如图 2-1-5 所示。

怎样根据需要去购置合适的，既经济又实用的 X 射线探伤机，就必须正确地选择 X 射线探伤机。一般

图 2-1-5　X 射线机示意图

选择 X 射线探伤机都要考虑穿透能力、X 射线管焦点大小、被检工件厚度和形状等，常见 X 射线探伤机性能见表 2-1-1。

表 2-1-1　常见 X 射线机的主要性能

类型	型号	管电压（kV）	管电流（mA）	焦点尺寸（mm）	钢最大穿透厚度（mm）	射线管质量	备注
便携式	XXQ－2505	250	5	2×2	38	32	中国/玻壳
	300EG－S2	300	5	2.5×2.5	53	20	日本/玻纹陶瓷管
移动式	XY－3010	300	10 3	4.0×4.9 1.2×1.2	70	—	金属陶瓷管
固定式	MG450	420	10	4.5×4.5	100	—	荷兰/金属陶瓷管

（2）γ 射线探伤机

γ 射线探伤机由 γ 射线源和附件（遥控器、光栏、固定装置和定位装置、源导管等）组成。图 2-1-6 所示为 γ 射线探伤机及现场探伤示意图。常见 γ 射线机的主要性能见表 2-1-2。

Ir-192型

Co-60型

（a）γ射线探伤机

（b）γ射线现场探伤示意图

图 2-1-6

γ射线探伤机设备的优点：

①探测厚度大，穿透力强。

②体积小，质量轻，不需要使用水、电，适合于野外作业。

③效率高，对于环缝和球罐可以周向曝光和全景曝光。

④可以连续运行，且不受温度、压力、磁场等外界条件影响。

⑤设备故障低，无易损坏部件。

⑥与同等穿透力的 X 射线机相比，价格低。

γ射线探伤机设备的缺点：

①因 γ 射线机使用 γ 射线源，而其都有一定的半衰期，有些半衰期较短，需要经常更换，带来使用不便。

②辐射能量固定，无法根据工件厚度进行调节，当穿透度与能量不适配时，灵敏度下降较严重。

③放射强度随时间减弱，无法调节。

④固有不清晰度比 X 射线大，用同样的器材及透照技术条件下，其灵敏度低于 X 射线机。

⑤对于安全防护要求高，管理严格。

表 2-1-2　常见 γ 射线机的主要性能

类型	型号	源种类	容量（Ci）	焦点尺寸（mm）	钢最大穿透厚度（mm）	本体质量	表面剂量（mr/h）
便携式	DL—ⅡA	Ir192	100	2.0×3.0	10～100	20	＜200
移动式	TK—100	Co60	100	4.0×4.0	30～250	140	＜200

（3）射线能量的选择

射线能量的选择实际上是对射线源的 kV、MeV 值或 γ 源的种类的选择。射线能量越大，其穿透能力越强，可透照的焊件厚度越大。但同时也带来了由于衰减系数的降低而导致成像质量下降的问题。所以在保证穿透的前提下，应根据材质和成像质量要求，尽量选择较低的射线能量。

3. 射线胶片

射线胶片不同于普通照相胶卷之处是在片基的两面均涂有乳剂，以增加射线敏感的卤化银含量，通常按卤化银颗粒粗细和感光速度的快慢，将射线胶片予以分类。探伤时可按检验的质量和象质等级要求来选用，检验质量和象质等级要求高的应选用颗粒小、感光速度慢的胶片。反之则可选用颗粒较小、感光速度较快的胶片。

市场上一般 X 射线，γ 射线较为常见，尤其是 X 射线工业胶片应用量最大。工业 X 射线胶片广泛用于黑色金属有色金属及其合金或其它衰变系数较小的材料制作的器件型材零件或焊缝的非破坏性 X 射线探伤。也常用于特种设备检测，如锅炉、压力容器、压力管线（如石油、液化气等）。

目前常用胶片标准有：国际标准 ISO 5579，国际标准 ISO 11699，德国标准 BS EN 584－1，美国标准 ASTM E1815。

4. 增感屏的选取

射线照相中使用的金属增感屏，是由金属箔（常用铅、钢或铜等）粘合在纸基或胶片片基上制成。其作用主要是通过增感屏被射线投射时产生的二次电子和二次射线，增强对胶片的感光作用，从而增加胶片的感光速度。同时，金属增感屏对波长较长的散射线有吸收作用。这样，由于金属增感屏的存在，提高了胶片的感光速度和底片的成像质量。金属增感屏有前、后屏之分。前屏（覆盖胶片靠近射线源的一面）较薄，后屏（覆盖胶片背面）较厚。其厚度应根据射线能量进行适当的选择。

5. 观片灯

黑度是胶片经暗室处理后的黑化程度，与含银量有关。它是射线底片质量的一个重要指标，直接关系到射线底片的照相灵敏度。观片灯应具有按照底片的黑度进行亮度调节的挡位。当底片黑度（底片感光度）$D \leqslant 2.5$ 时，透过射线照相底片的亮度应不小于 $30cd/m^2$；底片黑度 $D > 2.5$ 时，透过射线照相底片的亮度应不小于 $10cd/m^2$；

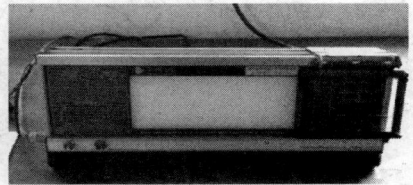

图 2-1-7 观片灯

当底片黑底 $D＝4$ 时，观片灯的亮应为 $1000cd/m^2$，观片灯应备有遮光板，观片灯如图 2-1-7所示。

6. 评片室

评片应在评片室进行，评片室的光线应暗淡，但不能全暗，周围环境亮度应大致与底片上的需要观察部位透过光的亮度相当，室内照明光线不得在观察的底片上产生反射。评片人员开始评片时，要经过一定的暗适时间。

7. 评片辅助工具

辅助工具：评片尺、放大镜、记号笔、手套等。

四、射线透照分布

进行射线探伤时，为了彻底地反映焊件接头内部缺陷的存在情况，应根据焊接接头形式和焊件的几何形状合理布置透照方法。按照被检测对象、透照厚度以及射线源、被检测焊缝和胶片之间的位置关系，透照布置可分为纵缝单壁透照布置，环缝双壁单影透照布置，环缝双壁双影法（包括椭圆和垂直）透照布置，角焊缝布置，不等厚度透照布置（多胶片透照布置）等。部分射线照透布置图例见图 2-1-8，图中 d 表示射线源，F 表示焦距，b 表示工件至胶片距离，f 表示射线源至工件距离，T 表示公称厚度，D_0 表示管子外径。更详细内容请参考国家标准《金属熔化焊焊接接头射线照相》（GB/T 3323—2005）。

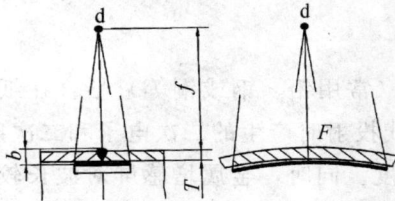

（a）纵、环向焊接接头源在外单壁透照方式　　（b）纵、环向焊接接头源在内单壁透照方式

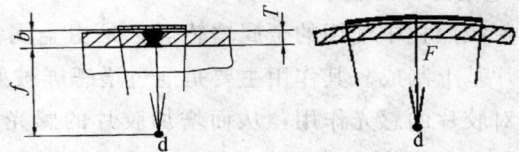

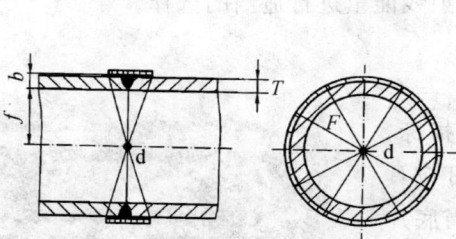

（c）环向焊接接头源在中心周向透照方式　　（d）环向焊接接头源在外双壁单影透照方式（1）

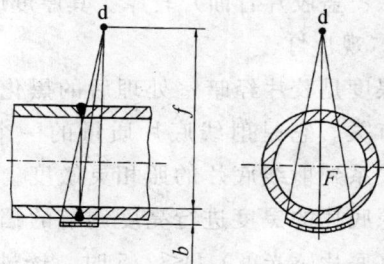

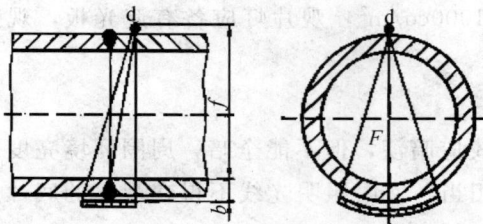

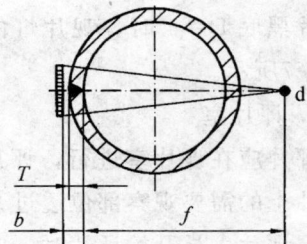

（e）环向焊接接头源在外双壁单影透照方式（2）　　（f）纵向焊接接头源在外双壁单影透照方式

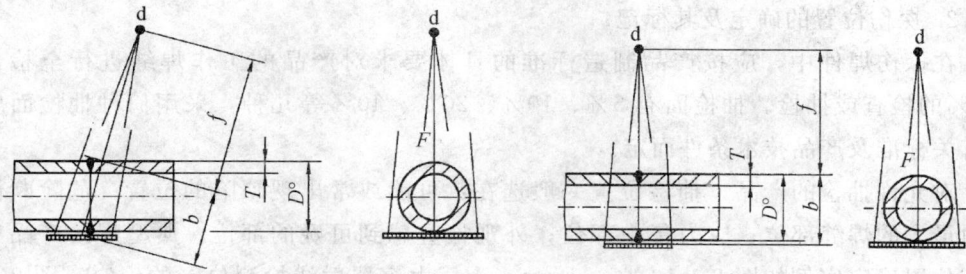

（g）小径管环向对接焊接接头倾斜透照方式（椭圆成像）　　（h）径管环向对接焊接接头垂直透照方式（重叠成像）

图 2-1-8　射线照相透照布置图例

五、焊缝射线照相像质等级和位置标记确定

1. 像质等级的确定

像质等级就是射线照相质量等级，是对射线探伤技术本身的质量要求。像质计（像质指示器，透度计）是测定射线照片的射线照相灵敏度的器件，根据在底片上显示的像质计的影像，可以判断底片影像的质量，并可评定透照技术、胶片暗室处理情况、缺陷检验能力等。目前，最广泛使用的像质计主要是三种：丝型像质计、阶梯孔型像质计、平板孔型像质计，如图 2-1-9 所示。

（a）丝型像质计　　　　（b）阶梯孔型像质计　　　　（c）平板孔型像质计

图 2-1-9　常用像质计

我国将其划分为三个级别：

A 级——成像质量一般，适用于承受负载较小的产品和部件。

AB 级——成像质量较高，适用于锅炉和压力容器产品及部件。

B 级——成像质量量高，适用于航天和核设备等极为重要的产品和部件。

不同的像质等级对射线底片的黑度、灵敏度均有不同的规定。为达到其要求，需从探伤器材、方法、条件和程序等方面预先进行正确选择和全面合理布置，对给定焊件进行射线照相法探伤时，应根据有关规定和标准要求选择适当的像质等级。

2. 探伤位置的确定及其标记

在探伤焊件中，应按产品制造标准的具体要求对产品的工作焊缝进行全检，即100％的检查或抽检。抽检面有 5％、10％、20％、40％等几种，采用何种抽检面应依据有关标准及产品技术条件而定。

对允许抽检的产品，抽检位置一般选在：可能或常出现缺陷的位置；危险断面或受力最大的焊缝部位；应力集中部位；外观检查感到可疑的部位。典型焊接产品射线探伤位置确定实例如图 2-1-10（a）所示，为压力容器射线检测位置的确定，图 2-1-10（b）为检测现场。

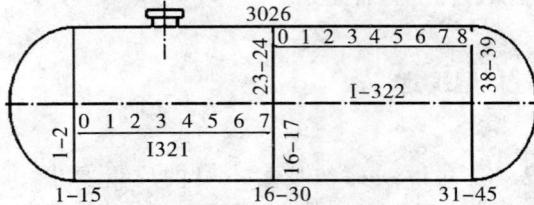

(a) 压力容器射线检测位置的确定　　　　　　(b) 检测现场

图 2-1-10　典型焊接产品射线探伤

（1）探伤位置的确定

图 2-1-10 所示压力容器（Ⅰ类）是由两节筒体和两个封头对接焊成，其钢板厚度为12mm。根据《压力容器监察规程》规定，可对探伤位置确定如下：

①筒体与封头连接部位　因此 1～15、31～45 两条环焊缝应作 100％的探伤，共拍30 张。

②筒节纵、环缝的交叉部位　因此中间环焊缝 16～17、23～24 二区段必须探伤。另外，根据规定，除 16～17、23～24 二个区段外，尚需再自行增加一个探伤区段。

③筒体纵、环缝的连接部位　筒体纵缝 X—321 上的 0～1、6～7 二区段占焊缝长度的 28％；X—322 的 0～1、7～8 二区段已占焊缝长度的 25％，均大于 20％的要求。

（2）标记

对于选定的焊缝探伤位置必须进行标记，使每张射线底片与焊件被检部位能始终对照，易于找出返修位置。标记内容主要有：

①定位标记：包括中心标记、搭接标记。

②识别标记：包括焊件编号、焊缝编号、部位编号、返修标记等。

③B 标记：该标记应贴附在暗盒背面，用以检查背面散射线防护效果。若在较黑背景上出现"B"的较淡影像，应予重用。

另外，焊件也可以采用永久性标记（如钢印）或详细的透照部位草图标记。标记的安放位置如图 2-1-11 所示。

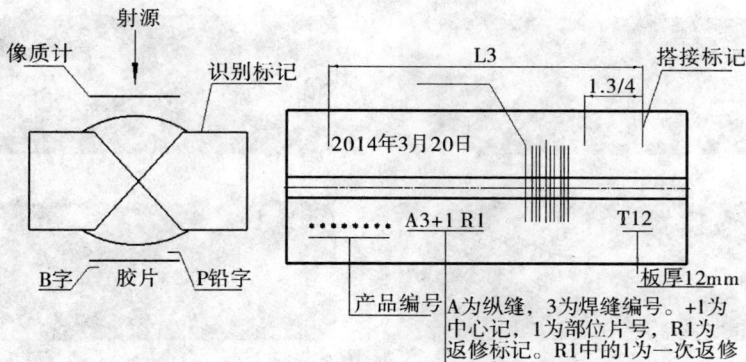

图 2-1-11 识别系统标记位置

五、射线检测的一般程序

对焊接结构进行射线照相检测前，首先应充分了解被检测焊件的材质、焊接方法和几何尺寸等参数，并确定检测要求与验收标准；然后依据相应标准来选择适当的射线源、胶片、增感屏和像质计等。同时，进一步确定该焊接构件的透照方式和几何条件。射线检测的一般程序如图 2-1-12 所示。

六、底片上缺陷影像识别

1. 常见焊接缺陷影像

焊接缺陷一般分为裂纹、气孔、夹渣、未焊透、夹钨、未熔合、形状缺陷以及其他缺陷等。在焊缝射线照相底片上，除了上述缺陷影像外，还可能出现一些伪缺陷影像，应注意区分，以避免将其按焊缝缺陷处理，造成误判。底片上常见缺陷和伪缺陷影像如图 2-1-13 所示。

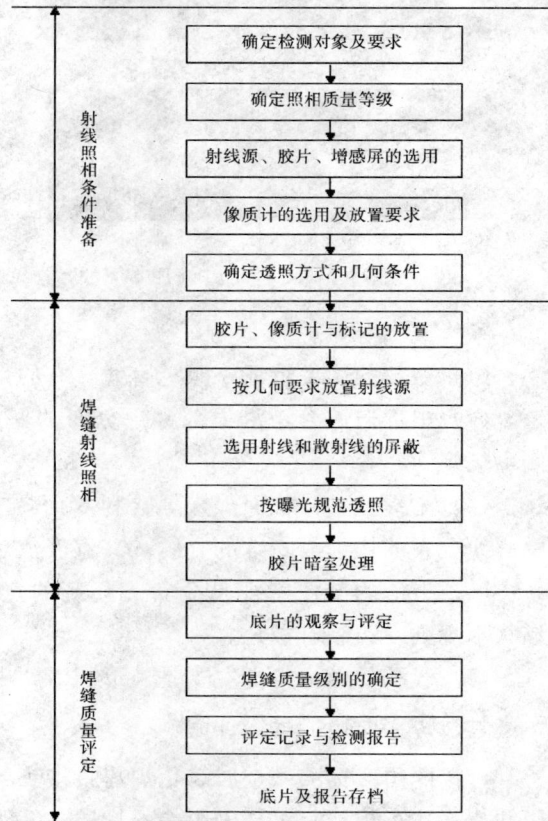

图 2-1-12 射线照相检测的一般程序

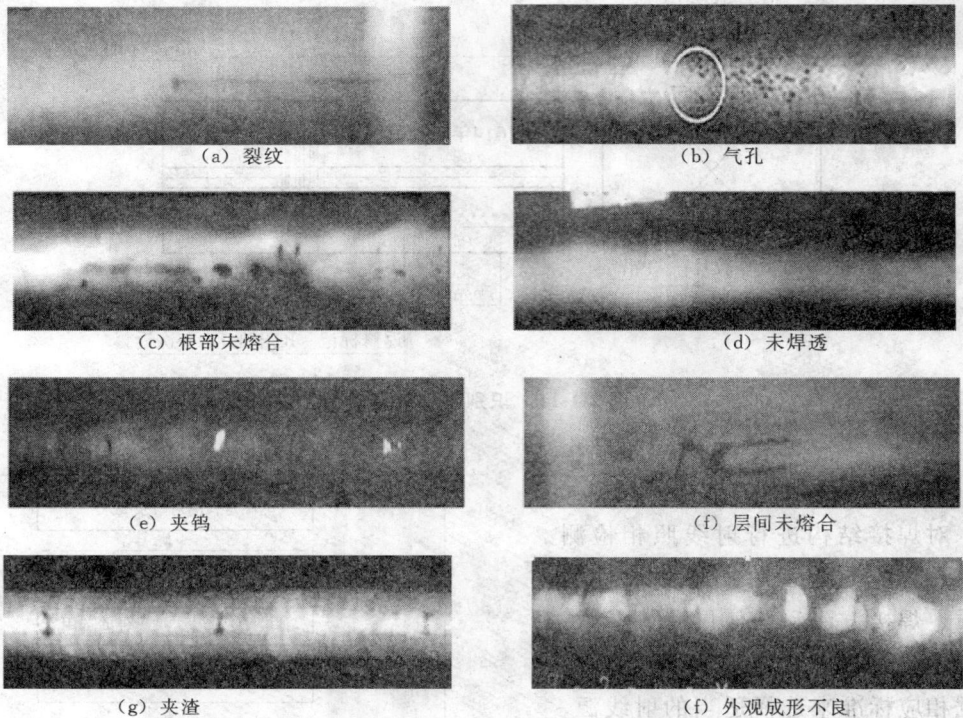

(a) 裂纹

(b) 气孔

(c) 根部未熔合

(d) 未焊透

(e) 夹钨

(f) 层间未熔合

(g) 夹渣

(f) 外观成形不良

图 2-1-13　常见焊接缺陷影像

2. 焊缝缺陷底片影像特征

（1）裂纹的影像特征：黑色直线，有的带锯齿，中间稍宽，两端尖细。

（2）根部未熔合：沿根部钝边分布的黑条，有一定宽度，沿钝边一侧较直，另一侧不规则。

（3）未焊透：分单面焊未焊透和双面焊未焊透。其影像特征比较明显，是沿焊缝中心线分布的连续或断续的直线，其宽度依对口间隙大小面不同，有时伴有气孔。

（4）夹渣的影像特征是分布无规则的点状、块状或条状黑色影像，黑度较均匀，形状不规则，边缘有梭角。

（5）气孔的影像特征主要是外形圆滑，中心黑度大，边缘黑度小。

七、焊接质量的等级评定

应按照国家标准《金属熔化焊焊接接头射线照相》（GB3323－2005）标准，正确运用并严格执行规定，对缺陷影像的性质、等级和位置做出正确的判定和定位。

1. 根据缺陷的性质和数量，焊接质量分为四级

（1）Ⅰ级焊缝应无裂纹，未熔合，未焊透和条状夹渣。

（2）Ⅱ级焊缝应无裂纹，未熔合和未焊透。

（3）Ⅲ级焊缝应无裂纹，未熔合以及双面焊和加垫板的单面焊未焊透；不加垫板

的单面焊中的未焊透按条状夹渣长度的Ⅲ级评定。

（4）焊缝缺陷超过Ⅲ级者为Ⅳ级。

2. 圆形缺陷的质量分级

（1）圆形缺陷用圆形缺陷评定区进行质量分级评定，圆形缺陷评定区为一个与焊缝平行的矩形，其尺寸见表2-1-3。圆形缺陷评定区应选在缺陷最严重的区域。

表 2-1-3　缺陷评定区 mm

母材公称厚度 T	≤25	>25～100	>100
评定区尺寸	10×10	10×20	10×30

（2）在圆形缺陷评定区内或与圆形缺陷评定区边界线相割的缺陷均应划入评定区内。将评定区内的缺陷按表2-1-4的规定换算为点数，按表2-1-5的规定评定对接焊接头的质量级别。

表 2-1-4　缺陷点数换算表

缺陷长径，mm	≤1	>1～2	>2～3	>3～4	>4～6	>6～8	>8
缺陷点数	1	2	3	6	10	15	25

表 2-1-5　各级别允许的圆形缺陷点数

评定区（mm×mm）	10～10					10×30
母材公称厚度 T，mm	≤10	>10～15	>15～25	>25—50	>50～100	>100
Ⅰ级	1	2	3	4	5	6
Ⅱ级	3	6	9	12	15	18
Ⅲ级	6	12	18	24	30	36
Ⅳ级	缺陷点数大于Ⅲ级或缺陷长径大于 T/2					

注：当母材公称厚度不同时，取较薄板的厚度。

（3）当缺陷的尺寸小于表2-1-6的规定时，分级评定时不计该缺陷的点数。质量等级为Ⅰ级的对接焊接头和母材公称厚度 T≤5mm 的Ⅱ级对接焊接头，不计点数的缺陷在圆形缺陷评定区内不得多于10个，超过时对接焊接头质量等级应降低一级。

表 2-1-6　不计点数的缺陷尺寸 mm

母材公称厚度 T	缺陷长径
≤25	≤0.5
>25—50	≤0.7
>50	≤1.4%T

3. 条状缺陷的质量分级

长宽比大于3的夹渣定义为条状缺陷，条状缺陷的质量分级见表2-1-7。

表 2-1-7　各级别对接焊接接头允许的条形缺陷长度 mm

级别	单个条形缺陷最大长度	一组条形缺陷累计最大长度
I		不允许
II	$<\sim T/3$（最小可为 4）且 $\leqslant 20$	在长度为 12T 的任意选定条形缺陷评定区内，相邻缺陷间距不超过 6L 的任一组条形缺陷的累计长度应不超过 T，但最小可为 4
III	$<\sim 2T/3$（最小可为 6）且 $\leqslant 30$	在长度为 6T 的任意选定条形缺陷评定区内，相邻缺陷间距不超过 3L 的任一组条形缺陷的累计长度应不超过 T，但最小可为 6
IV		大于III级者

注1：L 为该组条形缺陷中最长缺陷本身的长度；T 为母材公称厚度，当母材公称厚度不同时取较薄板的厚度值。

注2：条形缺陷评定区是指与焊缝方向平行的、具有一定宽度的矩形区，T≤25mm，宽度为 4mm；25mm＜T≤100mm，宽度为 6mm；T＞100mm，宽度为 8mm。

注3：当两个或两个以上条形缺陷处于同一直线上且相邻缺陷的间距小于或等于较短缺陷长度时，应作为 1 个缺陷处理，且间距也应计入缺陷的长度之中。

3. 未焊透的质量分级

在未焊透的单面焊中，未焊透的允许长度应按表2-1-7中条形缺陷的III级评定。角焊缝未焊透是指角焊缝的实际熔深未达到理论熔深值，应按表2-1-7中的条形缺陷的III级评定。

设计焊缝系数小于等于0.75的钢管根部未焊透的质量分级见表2-1-8。

表 2-1-8　设计焊缝系数≤0.75 的钢管未焊透的分级

质量等级	未焊透的深度		长度（mm）
	占壁厚百分数（%）	深度（mm）	
II	≤15	≤1.5	≤10％周长
III	≤20	≤2.0	≤15％周长
IV	大于III级者		

4. 根部内凹的质量分级

钢管根部内凹缺陷的质量分级见表2-1-9。

表 2-1-9 钢管根部内凹缺陷的分级

质量等级	未焊透的深度		长度（mm）
	占壁厚百分数（%）	深度（mm）	
Ⅰ	≤10	≤1	不限
Ⅱ	≤20	≤2	
Ⅲ	≤25	≤3	
Ⅳ	大于Ⅲ级者		

5. 综合评级

在同一评定区内，同时存在圆形缺陷和条状夹渣或未焊透时应各自评级，将级别之和减 1 作为最终级别。

6. 底片的复评

（1）严格执行复评制度，并在评片记录上签字。

（2）焊缝合格后，填写合格通知单，并在产品质量流程卡上签字后流入下道工序。

7. 射线检验报告

（1）射线检测合格后，应对检测结果及有关事项进行详细记录并写出检验报告，检验报告内容主要包括：产品名称及型号、产品编号、检验部位、检验方法、透照规范、缺陷性质、评定等级、返修情况和透照日期等。

（2）焊缝同一部位返修次数不超过三次，第一次返修和第二次返修填写"焊缝返修报告"，书面通知车间，焊接责任工程师研究返修方案后再返修。第三次返修必须填写"焊缝三次返修通知单报告"，由焊接责任工和质量保证工程师在报告上签字认可后，方可进行第三次返修。返修次数标记用"R1、R2、R3"标记。

（3）将合格底片用"底片内袋"逐张装好，防止底片相互摩擦或沾结，并放置在阴凉干燥处妥善保存。

（4）拍片人员，初复评人员在检验报告上会签，与底片一起保存，保存年限为 5 年以上。

任务实施

一、检测前准备

1. 检测要求与被检测工件熟悉

本次检测是按《金属熔化焊焊接接头射线照相》（GB/T 3323—2005）要求进行 100%射线检测，合格验收级别为Ⅰ极，试件厚度为 12mm，焊缝为单面焊双面成型。

2. 检测区域准备与确定

根据标准要求，对试板焊缝及焊缝两侧各 25mm 范围进行检查确定，这一区域内试件表面应没有任何影响射线检测的缺陷存在（如果发现有缺陷存在，必须在检测前打磨去除）。

3. 检测器材准备

（1）射线设备：根据标准要求，推荐曝光量为 15mA·min，考虑到射线设备的穿透能力，一般可选用额定管电压为 200kV 的射线设备，因此选定 XXQ2005（定向）射线机，如图 2-1-14（a）所示。

（a）XXQ2005 射线机　　　　　　　　　（b）工业用 X 射线胶片

图 2-1-14

（2）胶片：采用天津Ⅲ型胶片即可，见图 2-1-14（b）。或选用性能近似的胶片。

（3）增感屏：一般情况下采用铅箔增感屏，根据《金属熔化焊焊接接头射线照相》（GB/T 3323—2005）要求，前屏为 0.03mm，厚屏为 0.1mm。

（4）铅字标记：选用 0～9，A～Z，中心标记，单箭头标记等。

（5）暗盒：采用带铅笔字插口的暗盒或者不带插口的普通暗盒。

（6）像质计：对于本试板检测，根据《金属熔化焊焊接接头射线照相》（GB/T 3323—2005）要求，12mm 厚的钢板焊缝采用 3# 像质计（Fe10～16 号）。

（7）铅板：用于背散射的防护，一般为 3～5mm 厚的铅版。

4. 暗室前期准备工作

（1）洗片药水配制。目前市场上有配套处理药水，按操作说明书进行药水配制，并加热备用，加热 20℃左右。

（2）胶片准备。为防止胶片曝光，注意暗室门和可能发光的光源必须关闭，按上面说明选择胶片，放入两增感屏之间，同时装入暗盒里，盖好暗盒盖。

（3）收拾暗室。特别是没有装入暗盒的胶片需要装入专用的包装盒。

5. 拍片前准备

（1）设备准备。射线检测设备是利用高压线包产生高压加载在射线管两端，从而使电子在高压下高速撞击阳极靶产生射线的装置。为了保证 X 射线管的使用寿命，对新出厂的或长时间不使用的 X 射线机通常先进行训机后方可使用。训机可按射线机操作说明书的要求进行操作，一般情况下是以最低管电压开机，然后每 1min 升高 10kV，开机每 5min 休息 5min。训机结束后可在不断电情况下等待备用。训机步骤如下：

①将电缆线一端与控制箱连接，另一端与 X 射线机机头连接；将电源线的一端插入控制箱电源线插孔，另一端插入外接电源插座，保证各连接点接触良好，并接好地线。

②接通电源后，打开电源开关，控制箱面板上的电源指示灯亮，表明系统已经准备好，可以进行训机或曝光。

③开始训机

A. 调节管电压旋钮，使它指示最低值 150kV，调整时间指示器为 5min，按下高压通开关。此时高压指示灯亮，表明高压已经接通。

B. 在高压通的 5min 内，以缓慢的速度旋转电压调整旋钮，使旋转指示在 160kV，也就是使升压速度为 2kV/min。

C. 5min 后，蜂鸣声响起，红灯熄灭，即高压切断。让机器休息 5min 后，保持时间指示器不变，然后按下高压通开关，继续以 2kV/min 的速度调整电压旋钮，调到 170kV。

D. 时间到，再休息 5min，重复以上操作，直到管电压升到额定管电压 250kV 为止，整个训机过程结束。

（2）暗盒准备。将铅字插入暗盒上插口（如果采用没有插口的暗盒，则将铅字选择好并排列整齐后，用胶带固定在暗盒长边方向的边缘 10～20mm 范围内）。注意不能将铅字码放在暗盒的中心。因为中心区域是焊缝影像的显示区，不能有任何其他外来影像出现而影响焊缝影像的显示与评定。

通常，胶片上的字码应包含以下内容：产品工作令号（即探伤试板号如 S2014－03）、焊工号、厚度、中心位置、有效长度标志单向箭头（胶片两端各一个）、日期、公司代号等。以上内容是基本内容，除公司标志可以省略外，其他均不能缺省。但也可根据需要增加其他铅字码。暗盒上加上铅字后如图 2-1-15（a）所示。

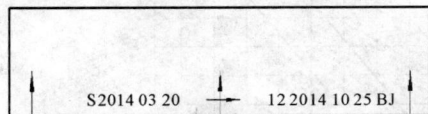

（a）胶片上的字码标记　　　　（b）像质计的摆放

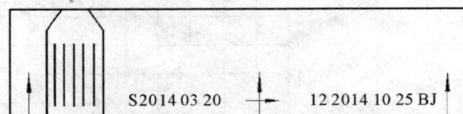

图 2-1-15

（3）像质计的摆放。将上面选择好的像质计，贴上胶带一起粘贴到暗盒上有字码一面的端部 1/4 处。注意不要与铅字码长重叠，这是像质计摆放在胶片一侧的情况。如果像质计放在胶片侧，还需要在像质计旁放一个铅字"F"，如图 2-1-15（b）所示。

一般情况下像质计应该摆放在射线源一则，即摆放在工件上，采用胶带固定，这里必须认真核对，确保像质计影像能够出现在底片的 1/4 处。

（4）工件准备。在地面放上铅板，大小与试板相同，或者是与胶片形状相关，比胶片稍微大一点。因采用的是 300mm×80mm 的胶片，则铅板可采用 350mm×90mm，然后将装有胶片且铅字已经放好的暗盒放在铅板的中心位置，与铅板同方向。然后将试板放在胶片上，注意试板上的焊缝应对正胶片的中心，与胶片长度方向相同并与焊缝平行。将像质计放在试板的上面，且端部的 1/4 处与焊缝垂直。如图 2-1-16 所示为 X 射线检测前准备就绪的工件。

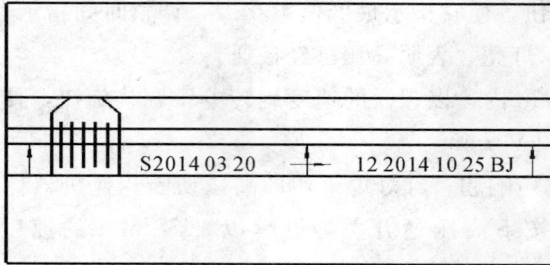

图 2-1-16　X 摄像检测准备就绪的工件

二、检测操作

1. 操作步骤

（1）检测参数确定

射线检测拍片参数主要是焦距、管电流、管电压、时间。选用的射线机中心到焊接试板的距离，即焦距为 600mm；选定的射线机管电流是固定的为 5mA；根据标准要求选取曝光时间 3min；根据曝光曲线（见图 2-1-17）确定管电压为 160kV。

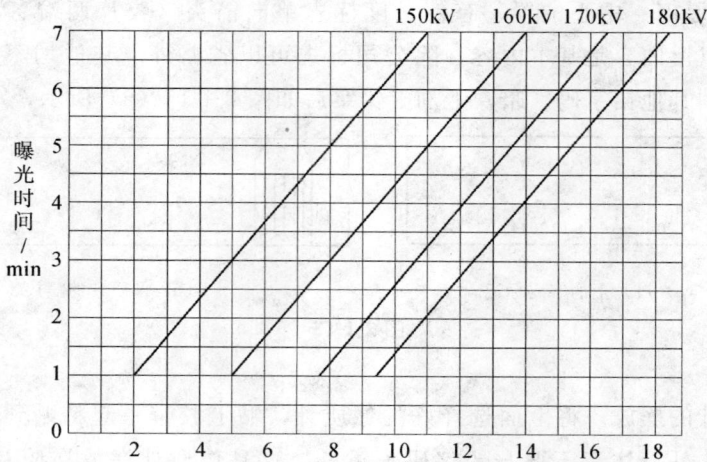

图 2-1-17　射线机曝光曲线

（2）对焦

将射线机安放在适当的位置，调整射线源与工件表面的距离，利用卷尺或钢直尺测量焦距尺寸为 600mm。一般 X 射线机的光阑罩均带有中心指示指针，指针所指的方向是 X 射线机所发射的 X 射线束的中心轴线方向，所以对焦时应使指针垂直指向工件表面，并对准每一透照区域的中心。

（3）拍片

胶片贴好，参数选定，所有人员离开曝光室到操作室，将大小铅门关好，检查所有报警灯是不是亮起。然后，调节控制箱上相关调节器，选择时间为 3min，管电压为160kV，再次确认所有线路已经接好，所有人员均已经离开曝光室后按下开机按钮，对工件进行曝光拍片。一处曝光结束后，移动射线机，重新贴片、对焦，进行第二个被检区域的曝光，直至整个工件曝光完毕。

（5）现场清理。拍片完成后，将装有拍好胶片的暗盒送到暗室，然后清理现场。射线机头归位，将铅字码放回字码盒，将铅板归位等。

2. 暗室操作

（1）胶片拆出。关闭暗室门窗，关闭暗室照明灯，等待 5min 让眼睛适应暗室环境后，将拍完的胶片取出，注意不要碰到胶片的两面，用手拿胶片的两边，并将胶片放入洗片夹内。

（2）胶片冲洗

①浸湿。确认显影药水的温度在 20℃左右，先将胶片放入清水池内浸湿，注意时间为 1～2s。

②停显。将显影完成的胶片放入停显液中过一下，时间为 1～2s。

③定影。将停显后的胶片放入定影液内，并且不断上下移动 5min，放好后定影，每 2～3min 上下移动一下，定影时间一般为 10～20min，原则是确保胶片定影到位。

④水洗。胶片经上面四步后，就成了底片，此时拍摄的影像已经在底片上显示出来，但还不稳定，需要进行下一步——水洗，即将定影完成的底片放入流动的清水中，上下移动 5min，然后就放入水中，保持清水的流动性，底片水洗时间为 20～30min。

（3）底片干燥。底片冲洗完成后进行干燥，冲洗好的底片干燥可采用以下方式进行：

自然晾干、烘箱烘干、自动干片机干燥。这几种方式的干片时间依次由长到短。本任务采用自然晾干。

三、检测结果评定

1. 检测设备和器材

准备好观灯片、黑度计、放大镜、遮光板、评片尺等。

2. 底片评定

将观灯片打开，调到适宜亮度，放好遮光板，将底片放在观灯片上进行观察，见图 2-1-18。根据《金属熔化焊焊接接头射线照相》（GB/T3323—2005）标准中对缺陷合格与否的描述：裂纹、未合格、未焊透不允许存在，气孔按点计算，条渣按长度进行评定，最后进行综合评定。据缺陷的性质、大小评定底片的级别（Ⅰ级、Ⅱ级和Ⅲ级）。本试件焊缝底片无缺陷，按《金属熔化焊焊接接头射线照相》（GB/T 3323—2005）标准评定为Ⅰ级合格。

图 2-1-18　底片评定

四、填写检测报告

检验报告样式见表 2-1-10。

表 2-1-10　射线检验报告

客户：　　　　　　　　　　　　　　　　　　　　　　报告号：

工程名称					检测地点	
材质		接头种类			焊接方法	
验收标准		合格级别			照相质量等级	
仪器型号		编号			透照技术	
胶片		增感屏			像质计	
管电压（kV）		透照距离			曝光量	
底片黑度		灵敏度			检测日期	
序号	构件规格	焊缝号	底片编号	缺陷情况（定性/定量）	级别	评定	备注

备注：NSD—未见应记录缺陷
　　　L—缺陷长度（mm）　∅—缺陷直径（mm）

评片		技术监督		批准	
日期		日期		日期	

第　　页　　共　　页

任务评价

任务评价见表 2-1-11。

表 2-1-11　任务评价表

班级		姓名		日期	
序号	评价要点		评分标准	配分	得分
1	能认识检测设备及工具		现场识别 X 射线探伤设备及材料	10	
2	检测设备选择		根据检测工件选择射线机	20	
3	主要材料选择		能正确选择胶片、前屏、铅箔增感屏、像质计	30	
4	拍片操作		正确选择焦距、管电流、管电压、曝光时间	20	
5	暗室操作		正确选择显影药水及温度；正确冲洗胶片	10	
6	底片评定		根据焊缝质量分级准确评片	10	
	总分合计			100	

【思考与练习】

1. 射线检测的原理及特点是什么？

2. X 射线检测器材和工具有哪些？

3. 简述射线照相法检测步骤。

4. 简述射线照相法底片评定步骤。

任务 2　超声波检测

学习目标

1. 能认识超声波检测设备及工具。

2. 能利用超声波设备对焊缝进行质量检测。

3. 能对超声波检测结果进行评定。

任务描述

如图 2-2-1 所示为某船体板对接 X 形坡口双面埋弧焊自动焊，材质为 Q235A，焊丝选用 H08MnA，焊剂采用 HJ431，焊后要求按《承压设备无损检测》（JB/T4730—2005）进行 100% 超声波检测，Ⅱ 级为合格。现请检验班组检测后出具检验报告单以确定产品是否符合质量要求。

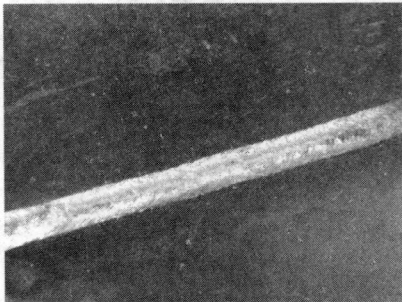

(a) 焊件实物

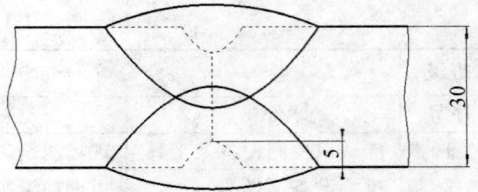

(b) 焊缝图样

图 2-2-1　埋弧焊试件

任务分析

　　要对该试件进行超声波检测，首先应了解超声波检测相关知识，包括超声波检测原理、特点、使用设备、工具等；其次要能查阅标准，了解超声波检测的要求，最后根据标准，正确使用超声波设备、工具对焊缝进行超声波检测，并评定焊缝质量等级。

相关知识

一、超声波探伤原理及运用

　　超声波探伤是利用超声波在物体中的传播、反射和衰减等物理特性来发现缺陷的检测材料内部缺陷的一种无损检测方法。它可以检查金属材料、部分非金属材料的表面和内部缺陷，如焊缝中裂纹、未熔合、未焊透、夹渣、气孔等缺陷。超声波探伤具有灵敏度高、设备轻巧、操作方便、探测速度快、成本低、对人体无害等优点，但在对缺陷进行定性和定量的准确判定方面还存在着一定的困难。

　　1. 超声波的产生及其性质

　　声波、次声波、超声波都是机械波，有声速、频率、波长、声压、声强等参数，在界面上也会发生反射、折射。我们能够听到声音是因为声波传到了我们的耳内，声波的频率在 20Hz～20000Hz，频率低于或超过上述范围时人们无法听到声音，频率低于 20Hz 的声波称为次声波，频率超过 20000Hz 的声波称为超声波。在金属探伤中使用的超声波，其频率为 0.5～10MHz，其中 2～5MHz 为最常用的超声波频率。

　　2. 超声波的产生与接收

　　探伤中采用压电法来产生超声波。而压电法是利用压电晶体片来产生超声波的。压电晶体片是一种特殊的晶体材料，压电晶体片在拉应力或压应力的作用下产生变形时，会在晶片表面出现电荷；反之，它在电荷或电场作用下，会发生变形，前者称为正压电效应，后者称为逆压电效应。

超声波的产生和接收是利用超声波探头中压电晶体片的压电效应来实现的。由超声波探伤仪产生的电振荡，以高频电压形式加载于探头中的压电晶体片的两面电极上时，由于逆压电效应的结果，压电晶体片会在厚度方向上产生持续的伸缩变形，形成了机械振动。若压电晶体片与焊件表面有良好的耦合，机械振动就以超声波形式传播进入被检焊件，这就是超声波的产生。反之，当压电晶体片受到超声波作用而发生伸缩变形时，正压电效应的结果会使压电晶体片两表面产生具有不同极性的电荷，形成超声频率的高频电压，以回波电信号的形式经探伤仪显示，这就是超声波的接收。

3. 超声波的性质

（1）超声波具有良好的指向性，由于超声波的波长非常短，因此，它在弹性介质中能像光波一样沿直线传播。而且超声波在固定的介质中传播速度是个常数，所以，根据传播时间就能求得其传播距离，这样就为探伤中缺陷的定位提供了依据。

（2）超声波能在弹性介质中传播，不能在真空中传播，一般探伤中通常把空气介质作为真空处理，所以认为超声波也不能通过空气进行传播。

4. 不同的波型

超声波如同声波一样，通过介质时，根据介质质点的振动方向与波的传播方向之间的相互关系的不同，可有不同的波型。

（1）纵波（L）：声波在介质中传播时，介质质点的振动方向和波的传播方向相同的波，称之为纵波。它能在固体、液体和气体中传播。

（2）横波（S）：声波在介质中传播时，介质质点的振动方向和波的传播方向相互垂直的波，称之为横波。横波只能在固体中传播。

横波探伤有独特的优点，如灵敏度较高，分辨率较好等，在探伤中常用于焊缝及纵波难以探测的场合，应用比较广泛。

（3）表面波（瑞利波 R）：仅在固体表面传播且介质表面质点做椭圆运动的声波（椭圆的长轴垂直于声波传播方向，短轴平行于声波传播方向），称之为表面波。在实际探伤中，表面波常用来检验焊件表面裂纹及渗碳层或覆盖层的表面质量。

对于普通钢材，超声波在其中传播的纵波速度最快，横波速度次之，表面波速度最慢。因此，对同一频率超声波来说纵波的波长最长，横波次之，表面波最短。由于探测缺陷的分辨力与波长有关，波长短的分辨力高，因此表面波的探测分辨力优于横波，横波优于纵波。

综上所述，由于金属介质中能够通过不同传播速度的不同波型，因此对金属焊缝进行探伤时必须选定所需超声波的波型，通过以上分析横波相对较好，所以实际探伤通常选择横波，否则会使回波信号发生混乱，这样就得不到正确的探伤结果。

二、超声波探伤设备

超声波探伤设备主要由探头、探伤仪、试块及其附属部件组成。评判调整超声波探伤仪的性能，一般采用标准试块。

1. 超声波探头

（1）常用超声波探头

超声波探头又称压电超声换能器，是实现电——声能量相互转换的能量转换器件。由于焊件和材质、探伤目的及探伤条件等的不同，因而需使用各种不同形式的探头。以下介绍常见的探头。

①直探头。声束垂直于被探焊件表面入射的探头称为直探头。它可发射和接收纵波。它由压电元件、吸收块、保护膜和壳体等组成。直探头主要用于探测与探测面平行的缺陷。如板材锻件探伤等。常见直探头如图 2-2-2 所示。

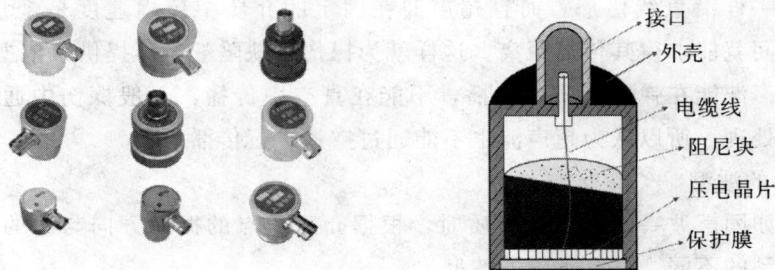

图 2-2-2　直探头及其结构

②斜探头。利用透声斜楔块使声束倾斜于焊件表面入射焊件的探头称为斜探头。它可发射和接收横波。

斜探头可分为纵波斜探头、横波斜探头和表面波探头。横波斜探头是利用横波探伤，主要是用于检测与探测面垂直或成一定角度的缺陷，如焊接汽轮机叶轮等。表面波探头当入射角大于第二临界角时会在工件中产生表面波，主要检测工件表面缺陷。斜探头及其结构如图图 2-2-3 所示。

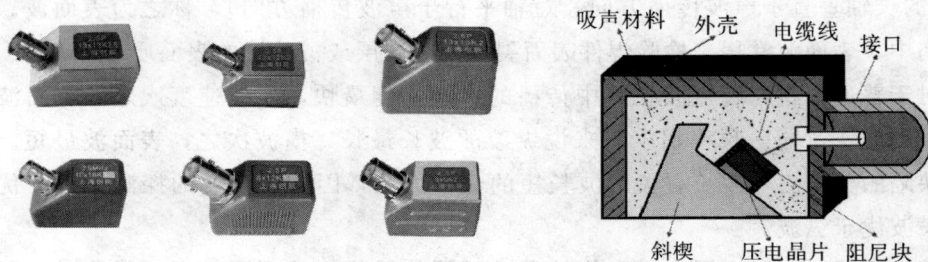

图 2-2-3　斜探头及其结构

③水浸聚焦探头。该探头是一种由超声探头和声透镜组合而成的探头。声透镜由环氧树脂浇铸成球形或圆柱形凹透镜，类似光学透镜能使光线聚焦一样，它可使超声波束集聚成一点或一条线。由于聚焦探头的声束变细，声能集中，从而大幅度改善了超声波的指向性，提高了灵敏度和分辨力。水浸聚焦探头如图 2-2-4 所示。

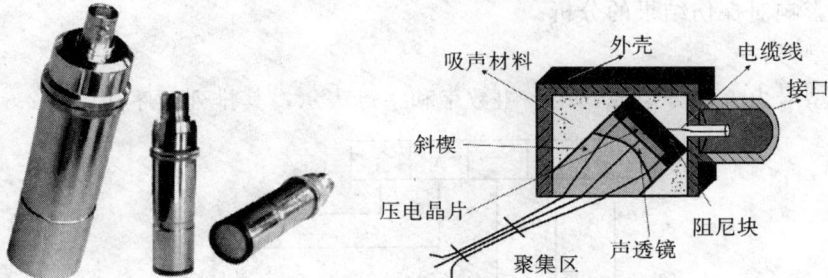

图 2-2-4　水浸聚焦探头及其结构

④双晶探头。双晶探头是为了弥补普通直探头探测近表面缺陷时存在着盲区大、分辨力低的缺点而设计的探头。探头内含两个压电晶片，分别是发射晶片和接收晶片，中间用隔声层分开。双晶探头又称为分割式 TR 探头，主要用于探测近表面缺陷和薄焊件的测厚。双晶探头及其结构见图 2-2-5。

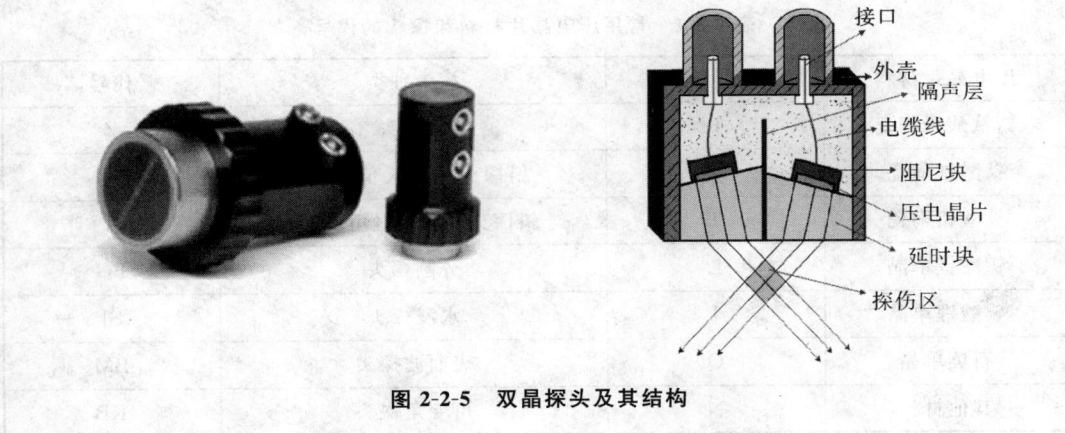

图 2-2-5　双晶探头及其结构

（2）探头的主要参数

探头性能的好坏，直接影响着探伤结果的可靠性和准确性。因此，对探头性能的有关指标，国家规定了基本的要求，生产中需定期测试以保证探伤质量。焊缝超声波探伤常用斜探头。斜探头的主要性能参数如下：

①折射角 γ（或探头 K 值）：γ 或 K 值大小决定了声束入射焊件的方向和声波传播途径，是为缺陷定位计算提供的一个有用数据，因此探头使用磨损后均需测量 γ 或 K 值。

②前沿长度：声束入射点至探头前端面的距离称为前沿长度，又称为接近长度。

它反映了探头对有余高焊缝接近的程度。入射点是探头声束轴线与楔块底面的交点。探头在使用前和使用过程中要经常测定入射点位置，以便对缺陷进行准确定位。

③声轴偏离角：它反映了主声束中心轴线与晶片中心法线的重合程度。声轴偏离角除直接影响缺陷定位和指示长度的测量精度外，还会导致探伤者对缺陷方向产生误判，从而影响对探伤结果的分析。

探头型号：

探头型号由五部分组成，用一组数字和字母表示，其排列顺序如图 2-2-6 所示。

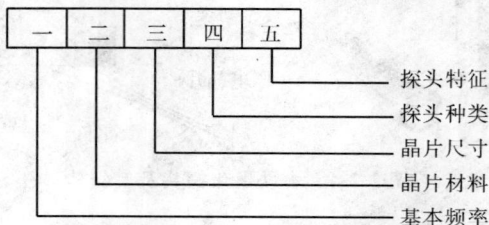

图 2-2-6 探头型号表示方法

①探头基本频率：单位为 MHz。

压电晶片材料：常用的压电晶片材料及其代号见表 2-2-1。

表 2-2-1 常用压电晶片材料和探头的代号

压电晶片材料	代号	探头种类	代号
锆钛酸铅陶瓷	P	直探头	Z
钛酸钡陶瓷	B	斜探头（用 K 值表示）	K
钛酸铅陶瓷	T	斜探头（用折射角表示）	X
铌酸锂单晶	L	分割探头	FG
碘酸锂单晶	I	水浸探头	SJ
石英单晶	Q	表面波探头	BM
其他材料	N	可变角探头	KB

②压电晶片尺寸：单位为 mm，圆形晶片为晶片直径；方形晶片长度×宽度，分割探头晶片为分割前的尺寸。

③探头种类：用汉语拼音缩写字母表示，见表 2-2-1。

④探头特征：斜探头用 K 值或折射角表示，单位为度；分割探头为被探焊件中声束交区深度，单位为 mm；水浸聚焦探头为水中焦距，单位为 mm，DJ 表示点聚焦，XJ 表示线聚焦。

探头型号举例说明：

斜探头举例

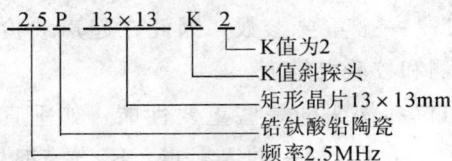

直探头举例

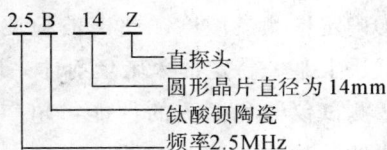

2．超声波探伤仪

超声波探伤仪是探伤的主要设备，其主要功能是产生超声频率的电振荡，以此来激励探头发射超声波。同时，它又将探头接收到的回波电信号予以放大、处理，并通过一定的方式显示出来。

（1）超声波探伤仪的分类

①按超声波的连续性，可将探伤仪分为脉冲波、连续波和调频波探伤仪三种。在实际的探伤过程中，脉冲反射式超声波探伤仪应用的最为广泛。

②按缺陷显示方式，可将超声波探伤仪分为 A 型显示（即显示器的横坐标是超声波在被检测材料中的传播时间或者传播距离，纵坐标是超声波反射波的幅值）、B 型显示（缺陷俯视图像显示）、C 型显示（缺陷侧视图像显示）和 3D 型显示（缺陷三维图像显示）等。

③按超声波的通道数目又可将探伤仪分为单通道和多通道探伤仪两种。前者是由一个或一对探头单独工作；后者是由多个或多对探头交替工作，而每一通道相当于一台单通道探伤仪，适用于自动化探伤。

目前，焊缝超声波探伤中广泛使用 A 型显示脉冲反射式单通道超声波探伤仪，见图 2-2-7。

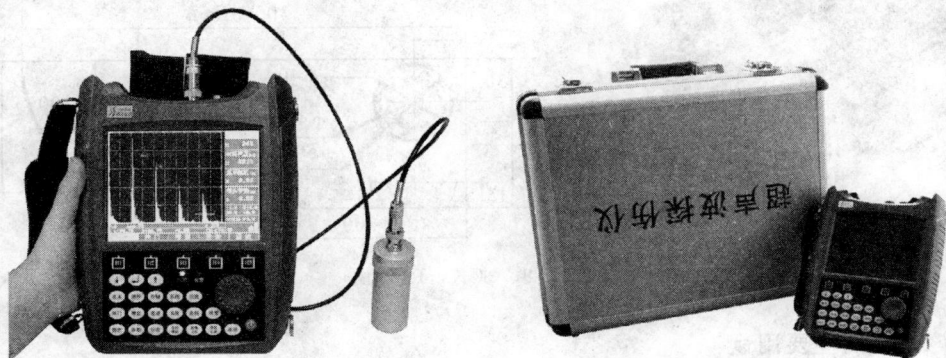

图 2-2-7　A 型显示脉冲反射式单通道超声波探伤仪

3．试块

试块是一种按一定用途设计制作的具有一定形状的人工反射体。它是探伤标准的一个组成部分，是判定探伤对象质量的重要尺度。

（1）试块的作用

①确定检测灵敏度：超声波检测灵敏度是一个重要参数，因此在超声波检测前，常用试块上某一特定的人工反射体来调整检测和校验灵敏度。

②测试仪器和探头的性能：超声波探伤仪和探头的一些重要性能，如垂直线性、水平线性、动态范围、灵敏度余量、分辨力、盲区、探头的入射点、K 值等都是利用试块来测试的。

③调整扫描速度：利用试块可以调整仪器示波屏上刻度值与实际声程之间的比例关系，即扫描速度，以便对缺陷进行定位。

④评判缺陷的大小：利用某些试块绘出的距离——波幅——当量曲线（即实用 AVG 曲线）来对缺陷定量是目前常用的定量方法之一。特别是 3N 以内的缺陷，采用试块比较法仍然是最有效的定量方法。

（2）试块的分类

根据使用的目的和要求，通常将试块分成标准试块和对比试块两大类。

①标准试块。由法定机构对材质、形状、尺寸和性能等作出规定和检定的试块称为标准试块。这种试块若是由国际机构（如国际焊接学会、国际无损检测协会等）制定的，则称为国际标准试块（如 IIW 试块）；若是国家制定的，则称为国家标准块（如日本 STB—G 试块）。

我国规定：CSK—IB 试块为焊缝探伤用标准试块。CSK—IB 试块是 ISO—2400 标准试块（即 IIW—I 型试块）的改进型，其形状如图 2-2-8 所示。

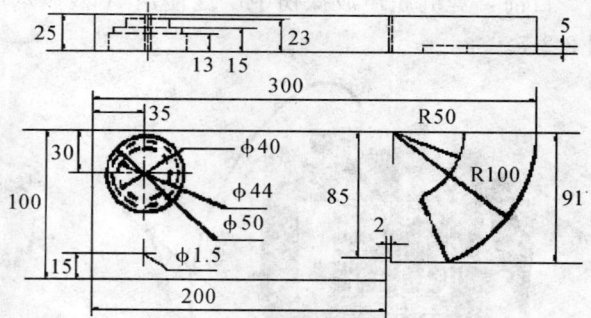

图 2-2-8　SCK—IB 试块

该试块的主要用途：

A. 利用 R100mm 圆弧面测定探头入射点和前沿长度，利用 ϕ50mm 孔的反射波测定斜探头折射角（K 值）。

B. 校检探伤仪水平线性和垂直线性。

C. 利用 ϕ1.5mm 横孔的反射波调整探伤灵敏度，利用 R100mm 圆弧调整探测范围。

D. 利用∅50mm 圆孔估测直探头盲区和斜探头前后扫查声束特性。

E. 采用测试回波幅度或反射波宽度的方法可测定远场分辨力。

②对比试块。对比试块又称参考试块，它是由各专业部门按某些具体探伤对象规定的试块。国标规定 RB 试块为焊缝探伤用对比试块。该试块共有三种，即 RB－1（适用于 8－25mm 板厚）、RB－2（适用于 8～100mm 板厚）和 RB－3（适用于 8～150mm 板厚），其形状和尺寸分别如图 2-2-9（a）、（b）、（c）所示。

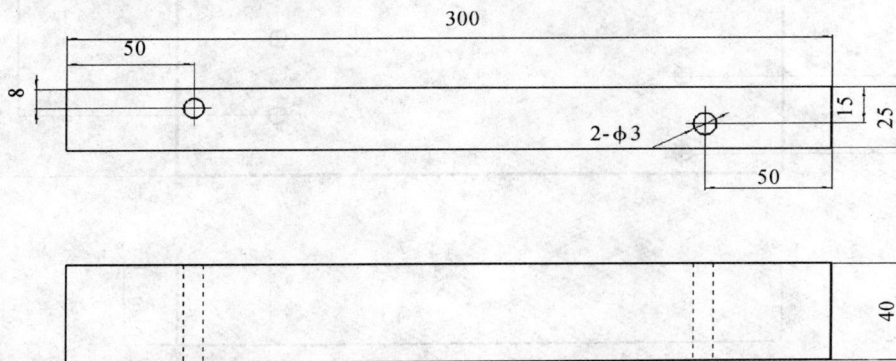

(a)RB-1试块

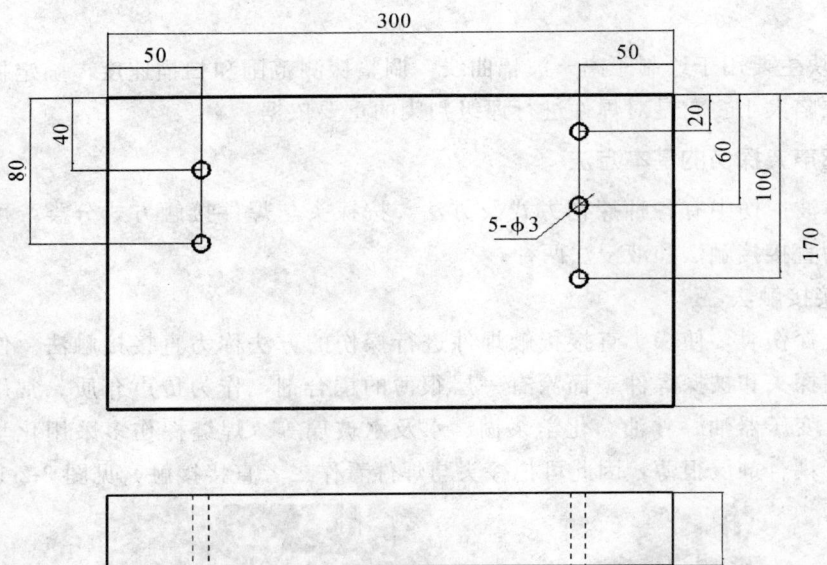

(b)RB-2试块

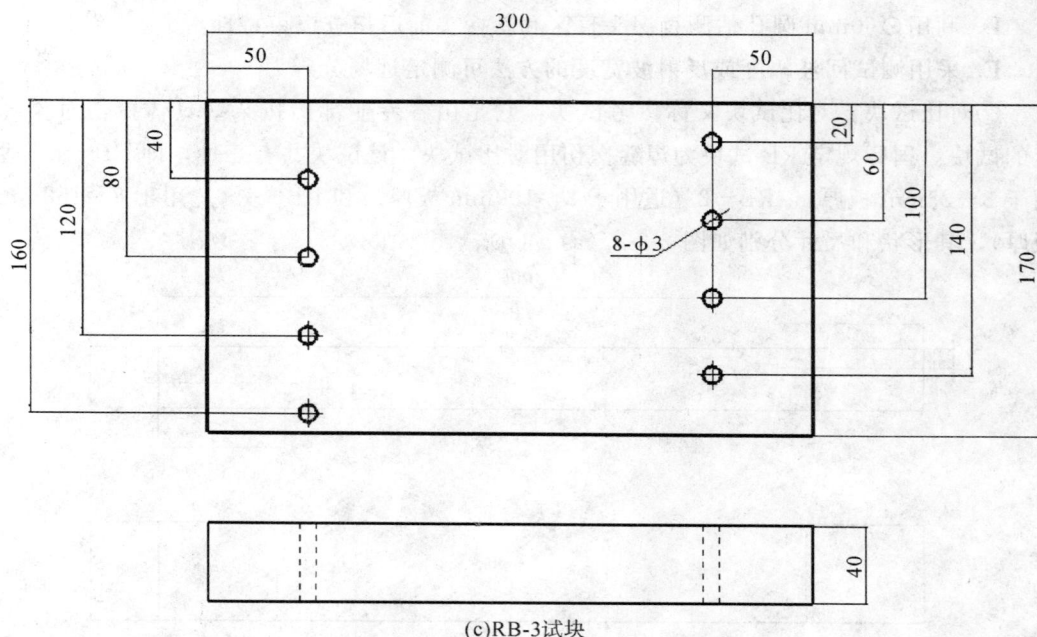

(c)RB-3试块

图 2-2-9　对比试块

RB 试块主要用于绘制距离一波幅曲线，调整探测范围和扫描速度，确定探伤灵敏度和评定缺陷大小。它是对焊件进行评级判废的重要依据。

三、超声波探伤的基本方法

在超声波探伤中有各种探伤方式及方法。按探头与焊件接触方式分类，可将超声波探伤分为直接接触法和液浸法两种。

1. 直接接触法

超声波探伤时，使探头直接接触焊件进行探伤的方法称为直接接触法。使用直接接触法应在探头和被探焊件表面涂有一层很薄的耦合剂，作为传声介质。常用的耦合剂有机油、变压器油、甘油、化学浆糊、水及水玻璃等。焊缝探伤多采用化学浆糊和甘油。由于耦合剂层很薄，因此可把探头与焊件看作二者直接接触，见图 2-2-10。

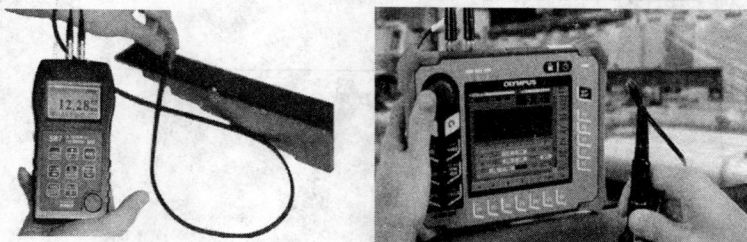

图 2-2-10　直接接触法探伤

直接接触法主要采用 A 型脉冲反射法探伤仪，由于操作方便，探伤图形简单，判断容易且探伤灵敏度高，因此在实际生产中得到广泛应用。

直接接触法超声波探伤有垂直入射法和斜角探伤法两种。

（1）垂直入射法：垂直入射法（简称垂直法）是采用直探头将声束垂直入射焊件探伤面进行探伤的方法。由于该法是利用纵波进行探伤，故又称纵波法，如图 2-2-11 所示。当直探头在焊件探伤面上移动时，经过无缺陷处探伤仪示波屏上只有始波 T 和底波，见图 2-2-11（a）。若探头移到有缺陷处，且缺陷的反射面比声束小时，则示波屏上出现始波 T、缺陷波 F 和底波 B，见图 2-2-11（b）。若探头移至大缺陷（缺陷比声束大）处时，则示波屏上只出现始波 T 和缺陷波 F，见图 2-2-11（c）。显然，垂直法探伤能发现与探伤面平行或近于平行的缺陷，适用于厚钢板、轴类、轮等几何形状简单的焊件。

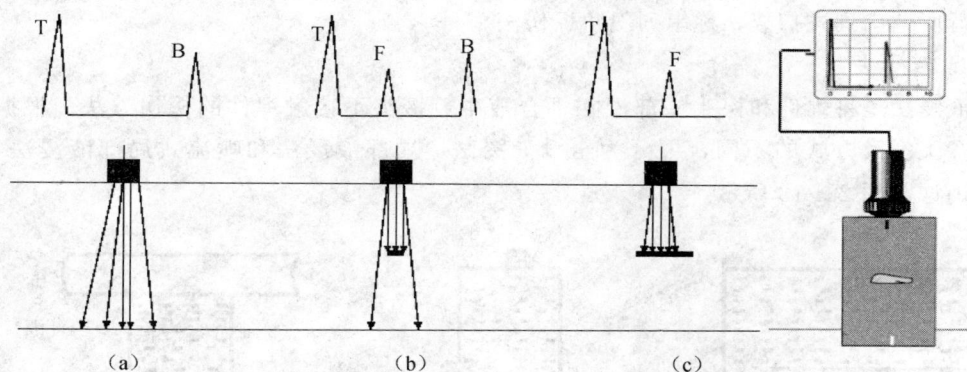

（a）　　　　　　　（b）　　　　　　　（c）

图 2-2-11　垂直入射法探伤

（2）斜角探伤法：斜角探伤法（简称斜射法）是采用斜探头将声束倾斜入射工件探伤面进行探伤的方法。由于它是利用横波进行探伤，故又称横波法，如图 2-2-12 所示。当斜探头在焊件探伤面上移动时，若焊件内没有缺陷，则声束在焊件内径多次反射将以"W"形路径传播，此时在示波屏上只有始波 T，如图 2-2-12（a）所示。当焊件存在缺陷，且该缺陷与声束垂直或倾斜角很小时，声束会被缺陷反射回来，此时示波屏上将显示出始波 T、缺陷波 F，如图 2-2-12（b）所示。当斜探头接近板端时，声束将被端角反射回来，此时在示波屏上将出现始波 T 和端角波 B，如图 2-2-11（c）所示。

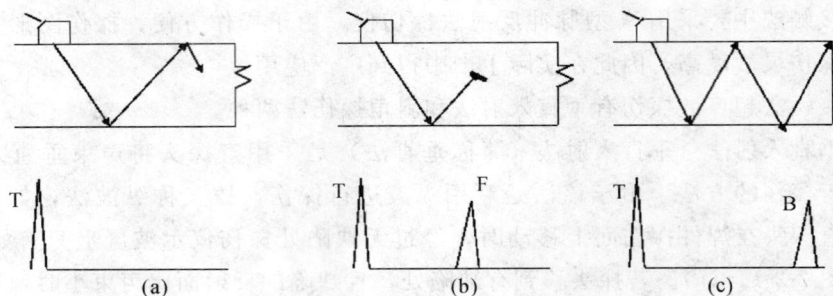

图 2-2-12 斜角探伤法

斜角探伤法能发现与探侧表面成角度的缺陷，常用于焊缝、环状锻件、管材的检查。在焊缝探伤中，有时也采用一发一收两个斜探头，并用专门夹具固定成组，对焊缝进行所谓串列式扫查，称串列斜角探伤法。

2. 液浸法

液浸法是将焊件和探头头部浸在耦合液中，探头不接触焊件的探伤方法。根据焊件和探头浸没方式的不同，可分为全没液浸法、局部液浸法和喷流式局部液浸法等，其原理如图图 2-2-13 所示。

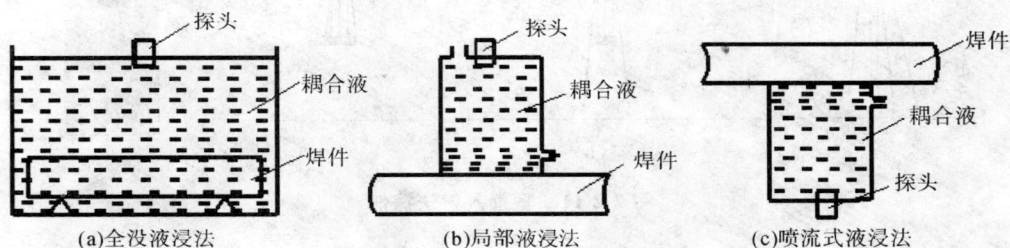

(a)全没液浸法   (b)局部液浸法   (c)喷流式液浸法

图 2-2-13 液浸法

液浸法当用水作耦合介质时，称做水浸法。水浸法探伤时，探头常用聚焦探头。其探伤原理和波形如图 2-2-14 所示，超声波从探头发出后，经过耦合层再射到焊件表面，有一部分声能将被焊件表面反射回来而形成一次界面反射波 S1。同时大部分声能传入焊件，若焊件中存在缺陷时，传入焊件的声能的一部分被缺陷反射形成缺陷反射波 F，其余声能传至焊件底面产生底面反射波 B；因此，探伤波形中 T～S1、S1～F 及 F～B 之间的距离，应对应于探头到焊件底面之间各段的距离。当改变探头位置时，探伤波形中 T～S1 的距离也将随之改变，而 S1～F、F～B 的距离则保持不变。

用液浸法探伤时，应注意使探头和焊件之间耦合介质层有足够厚度，以避免二次界面反射 S2 出现在焊件底波 B 之前。一般要求探头到焊件表面的距离应在焊件厚度的 1/3 以上。

液浸法探伤由于探头与焊件不直接接触，因而它具有探头不易磨损、声波的发射和接收比较稳定等优点。其主要缺点是，它需要一些辅助设备，如液槽、探头桥架、探头操纵器等。另外，由于液体耦合层一般较厚，因而声能损失较大。

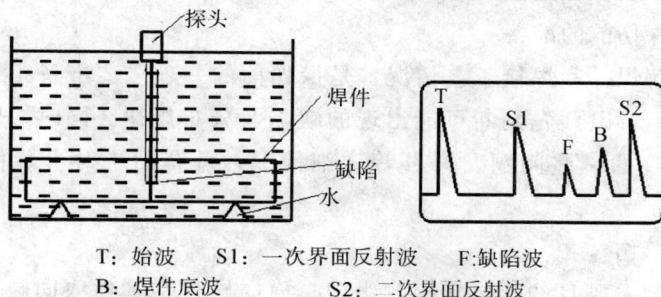

T：始波　　　S1：一次界面反射波　　　F：缺陷波
B：焊件底波　　S2：二次界面反射波

图 2-2-14　水浸聚焦探伤原理和波形

四、焊缝的超声波探伤

超声波探伤是通过探伤仪示波屏上反射回波的位置、高度、波形的静态和动态特征来显示被探焊件质量优劣的。采用超声波探伤法对焊缝探伤时，应根据焊件的材质、结构、焊接方法、使用条件、载荷等，确定不同的探伤方案。

1. 焊缝超声波探伤的一般程序

焊缝超声波探伤由探伤准备和现场探伤两部分组成，其一般程序如下：

（1）编写委托检验书

委托书内容应有焊件编号、材料、尺寸、规格、焊接方法、坡口形式等，同时也应注明探伤部位、探伤百分比、验收标准、级别或质量等级，并附有焊件简图，委托书范例如表 2-2-2 所示。

表 2-2-2　委托书范例

工程名称			委托编号			
委托单位			检件名称			
检测部位		坡口形式		焊接方法		
检测方法		表面状态		探伤地点		
探伤标准		合格级别		探伤时机		
检件编号	焊工号		检件规格	检件材质	探伤比例	焊缝编号
说明						
委托单位：		建设单位：		监理单位：		检测单位：
日期：		日期：		日期		日期：

（2）确定参加检验的人员

声波探伤一般安排二人同时工作，由于超声波检验通常要当即给出检验结果，所以至少应有一名二级检验员担任主探伤。

（3）检验员探伤前的准备

探伤人员了解焊件和焊接工艺情况，是探伤前的一项重要准备工作。检验员根据材质和工艺特征，可以预先判断可能出现的缺陷及分布规律。同时，向焊工了解在焊接过程中偶然出现的一些问题及修补等详细情况，可有助于对可疑信号进行分析和判断。

（4）现场粗探伤

以发现缺陷为主要目的，包括探测纵向、横向缺陷和其他取向缺陷，以及鉴别假信号等。

（5）现场精探伤

针对粗探伤中发现的缺陷，进一步确切地测定缺陷的有关参数，例如缺陷的位置参数：纵纵向标、横向坐标、深度坐标；缺陷的尺寸参数：最大回波幅度 dB 值及在距离——波幅曲线上分区的位置、缺陷的当量或缺陷指示长度等。

（6）评定焊接缺陷

依据探伤结果对缺陷反射波幅的评定、指示长度的评定、密集程度的评定及缺陷性质的估判。根据评定结果给出被检焊缝的质量等级。但是，焊缝超声波探伤有其特殊性，有些评定项目并不规定等级，而是与验收标准联系在一起，直接给出合格与否的结论。

2. 焊缝直接接触法超声波探伤

（1）超声波探伤检验等级的确定

焊缝中缺陷的位置、形状和方向直接影响缺陷的声反射率。超声波探测焊缝的方向越多，波束垂直于缺陷平面的机率越大，缺陷的检出率也越高，所评结果也就越准确。根据对焊缝探测方向的多少，目前 GB/T11345－1989 标准中把超声波探伤划分为三个检验级别，相应的检测等级主要检测项目见表 2-2-3。

A 级：检验的完善程度最低，难度系数（K＝1）最小。适用于普通钢结构检验。

B 级：检验的完善程度一般，难度系数（K＝5～6）较大。适用于压力容器检验。

C 级：检验的完善程度最高，难度系数（K＝10～12）最大。适用于反应性容器与管道等的检验。

roniple2g22s
2tion

表 2-2-3　相应等级主要检测项目

检测等级	A	B		C		备注
板厚/mm	t≤50	t≤100	t>100	t≤100	t>100	
探头数量	1	1或2	2	2	2	
探伤面数量	1	1或2	2	1	2	
探伤侧数量	1	2	2	2	2	
串列扫查	0	0	0	0或2	2	
母材检验	0	0	0	1	1	
纵向缺陷检测方向与次数	1	2或4	4	≥6	10	
横向缺陷检测方向与次数	0	0或4	0或4	4	4	

（2）超声波探伤面及探伤方法的选定

①探伤面的选择与准备。探伤面应根据不同的检验等级和焊件的板厚来选择。参见表 2-2-3、表 2-2-4。同时，探伤前必须对探头需要接触的焊缝两侧表面修整光洁，清除焊缝飞溅、铁屑、油垢及其他外部杂质，便于探头的自由扫查，并保证有良好的声波耦合。修整后的表面粗糙度应不大于 Ra6.3μm。要求去除余高的焊缝，应将余高打磨到与邻近母材平齐。而保留余高的焊缝，如焊缝表面有咬边、较大的隆起和凹陷等，也应进行适应的修磨并作圆滑过渡，以免影响检验结果的评定。修磨好的焊缝应打上探伤部位编号作为缺陷定位和记录的依据。

表 2-2-4　探伤面及探头 K 值

板厚/mm	探伤面			探伤方法	使用 K 值
	A	B	C		
≤25	单侧单面	单面双侧或双面单侧		直射法及一次反射法	2.5；2.0
>25~50					2.5；2.0；1.5
>50~100	无 A 级			直射法	1 或 1.5；1 和 1.5 并用；1 和 2.0 并用
>100		双面双侧			1 和 1.5 或 2.0 并用

②探伤方法的选择。应当考虑焊件的结构特征选择探伤方法，并以所采用的焊接方法容易生成的缺陷为主要探测目标，结合有关标准来选择。

（3）探头的选择

①探头形式的选择：根据焊件的形状和可能出现缺陷的部位、方向等条件选择探头形式，原则上应尽量使声束轴线与缺陷反射面相垂直。对于焊缝的探测，通常选用斜探头。

②晶片尺寸的选择：晶片尺寸大，声束指向性好，能量大且集中，对探伤有利。

但同时又会使近场区长度增加，对探伤不利。实际探伤中，对于大厚度焊件或粗晶材料的探伤，常采用大晶片探头；而对于薄焊件或表面曲率较大的焊件探伤，宜选用小晶片探头。

③频率的选择：频率是制定探伤工艺的重要参数之一，探伤频率的选择应根据焊件的技术要求、材料状态及表面粗糙度等因素综合加以考虑。对于粗糙表面、粗晶材料以及厚大焊件的探伤，宜选用较低频率；对于表面粗糙度低、晶粒细小和薄壁焊件的探伤，宜选用较高频率。焊缝探伤时，一般选用超声波频率，以 $2 \sim 5\mathrm{MHz}$ 为宜，推荐采用 $2 \sim 2.5\mathrm{MHz}$。

④探头角度或 K 值的选择：原则上应根据焊件厚度和缺陷方向选择，即尽可能探测到整个焊缝厚度，并使声束尽可能垂直于主要缺陷。

焊缝探伤中，薄焊件宜采用大 K 值探头，以拉开跨距，提高分辨力和定位精度。大厚度焊件宜采用小 K 值探头，以减小修整面的宽度，有利于缩短声程，减小衰减损失，提高探伤的灵敏度。如果从探测垂直于探伤面的裂纹考虑，K 值越大，声束轴线与缺陷反射面越接近于垂直，缺陷回波就越高，即灵敏度越高。对有些要求比较严格的焊件，探伤时应采用多 K 值、多探头进行扫查，以便发现不同方向取向的缺陷。

K 值可按表 2-2-4 进行选取。此表是按板厚选择的，探伤时要根据产品中的板厚找出标称 K 值探头，但 K 值常因斜楔块中的声波衰减、探头的磨损等而产生变化。因此，探伤时必须对探头 K 值进行校验。

(4) 超声波探伤仪的调节

调节前首先要对选定的仪器和探头系统性能进行校验，以确保系统性能满足检验对象和探伤标准的要求。其次，在使用斜探头之前还应先测定入射点，校验探头的前沿长度和 K 值。仪器调节有 3 项主要内容，分别是探伤范围调节、扫描速度调节、灵敏度的调整。

①探伤范围的调节：探伤范围的选择应以尽量扩大示波屏的观察视野为原则，一般要求受检焊件最大探测距离的反射信号位置应不小于刻度范围的 2/3。探伤范围可通过仪器上的"深度（粗调）"旋钮，改变不同档次来调节。

②扫描速度的调节：直探头进行探伤时，底面反射波可利用已知尺寸的试块或焊件上的两次不同底面反射波的前沿，通过仪器上"深度""微调""水平"旋钮使其分别对准示波屏上相应刻度值来实现。

③探伤灵敏度的调节：探伤灵敏度是指在确定的探测范围内的最大声程处发现规定大小缺陷的能力。它也是仪器和探头组合后的综合指标，因此，可通过调节仪器上的"增益""衰减器"等灵敏度旋钮来实现。焊接结构的工作条件不同，对质量的要求也不一样，具体的探伤灵敏度可根据有关标准或技术要求来确定。应当注意，探伤灵敏度越高，发现缺陷的能力就越强。但当灵敏度过高时，由于多种原因会使信噪比下

降，所以不一定越高越好。

3. 各种焊接接头的探伤

在焊缝探伤中，经常使用斜角探伤法，其原因是焊缝有一定增强量，表面凹凸不平，用直探头垂直入射法探伤，探头难于放置，所以必须在焊缝两侧即母材上，用斜角入射的方法进行探伤；另外，焊缝中危险性的缺陷大致垂直于焊缝表面，用斜角探伤容易发现。所以下面将重点介绍这一方法。当然，在某些场合也辅以直探头垂直入射法探伤，如 T 形接头腹板和翼板间未焊透等的探伤。

(1) 平板焊件对接接头的探伤

① 探伤条件的选择：按不同检验等级和板厚范围选择探伤面、探伤方法和斜探头折射角或 K 值。

检验区域宽度的确定：检验宽度应是焊缝本身再加上焊缝两侧各相当于母材厚度 30% 的一段区域，这个区域宽度最小为 10mm，最大为 20mm，如图 2-2-15 所示。

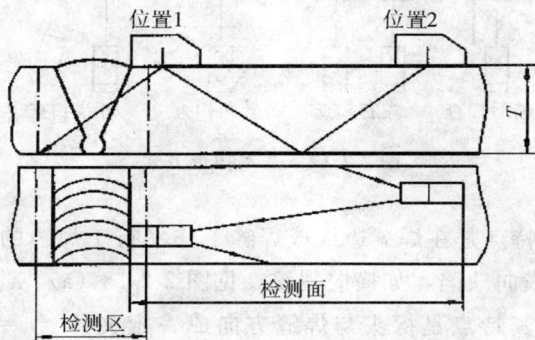

图 2-2-15 检测区域

探头移动区的确定：探头必须在探伤面上作前后左右的移动扫查，且应有足够的移动区宽度，以保证声束能扫查到整修焊缝整个截面。采用一次反射法或串列式扫查探伤时，探头移动区 l 应满足 $l > 1.25P$；采用直射法探伤时，探头移动区宽度 l 应满足 $l > 0.75P$（式中 P 表示跨距）。

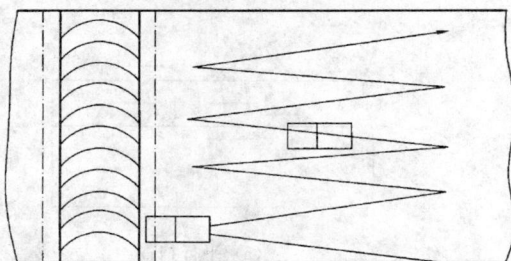

图 2-2-16 锯齿形扫查

单探头的扫查方法：单探头扫查是用一个发射兼接收的探头进行扫查。为了发现缺陷及对缺陷进行准确定位，必须正确移动探头和布置探头。

A. 锯齿形扫查：探头以锯齿形轨迹作往复移动扫查，同时探头还应在垂直于焊缝中心线位置上作±10°～15°的左右转动，以便使声束尽可能垂直于缺陷。这一扫查方法常用于焊缝的粗探伤，见图2-2-16。

B. 基本扫查：基本扫查方式有四种，如图2-2-17所示。其中转角扫查的特点是探头作定点转动，用于确定缺陷方向并区分点、条状缺陷。同时，转角扫查的动态波形特征有助于对裂纹的判断；环绕扫查的特点是以缺陷为中心，变换探头位置，主要估判缺陷形状，尤其是对点状缺陷的判断；左右扫查的特点是探头在平行于焊缝或缺陷方向作左右移动，主要是通过缺陷沿长度方向的变化情况来判断缺陷形状，尤其是区分点、条状缺陷，并用此法来确定缺陷长度；前后扫查的特点是探头垂直于焊缝前后移动，常用于估判缺陷形状和估计缺陷高度。

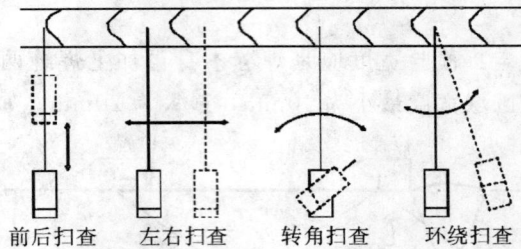

前后扫查   左右扫查   转角扫查   环绕扫查

图 2-2-17   基本扫查方式

C. 平行扫查：其特点是在焊缝边缘或焊缝上作平行于焊缝的移动扫查，此法可探测焊缝及热影响区的横向缺陷，如横向裂纹，见图2-2-18（a）。

D. 斜平行扫查：其特点是探头与焊缝方向成一定夹角（a＝10°～45°）的平行扫查，该法有助于发现焊缝及热影响区的横向裂纹和与焊缝方向成一定角度的缺陷。为保证夹角与焊缝相对位置稳定不变，需要使用扫查工具，见图2-2-18（b）。

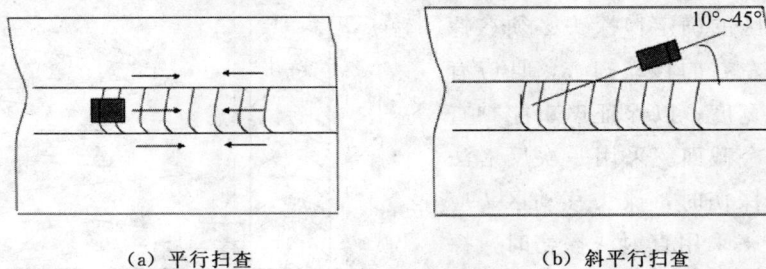

（a）平行扫查   （b）斜平行扫查

图 2-2-18   平行扫查方法

双探头的扫查方法：双探头扫查是用两个斜探头，一个用于发射超声波，另一个用于接收超声波。根据不同的探测目的，可以采用以下扫查方式。

A. 串列扫查：其特点是将两个斜探头垂直于焊缝作前后布置进行横向方形或纵向方形扫查，该法主要用于探测垂直于探测面的平面状缺陷如窄间隙焊缝中的边界未熔合，常用于板厚大于 100mm 的焊缝及板厚大于 40mm 的窄间隙焊缝的探伤，如图 2-2-19（a）所示。

B. 交叉扫查：两个探头置于焊缝的同侧或两侧且成 60°～90°布置，探头作平行于焊缝移动，该法可探测焊缝中的横向或纵向面状缺陷，如图 2-2-19（b）所示。

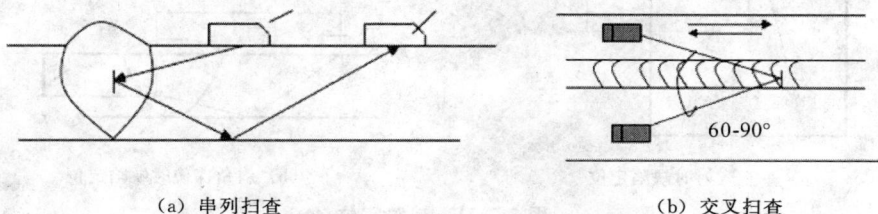

（a）串列扫查　　　　　（b）交叉扫查

图 2-2-19　双探头扫查方法

C. V 形扫查：将接收和发射探头分别置于焊缝两侧且垂直于焊缝作对向布置，可探测与探测面平行的面状缺陷如多层焊中的层间未熔合，见图 2-2-20。

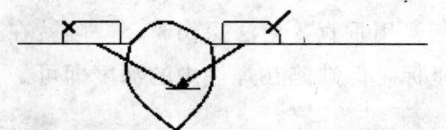

图 2-2-20　V 形扫查

（2）曲面焊件对接接头的探伤

①当探伤面曲率半径 $R > \omega^2/4$ 时

ω 为接头接触宽度，检验环缝时以探头宽度计，检验纵缝时以探头长度计，可采用平板焊件对接接头的探伤方法进行检验。

②当探伤面曲率半径 $R \leq \omega^2/4$ 时

A. 试块：其接触面应为曲面。纵缝检验时采用曲率半径与 R 相同的对比试块且二者之差应小于 10%；环缝检验时，对比试块曲率半径可为（0.9～1.5）R。

B. 探头：根据焊件表面的曲率和厚度选择探头角度，并考虑几何临界角的限制，确保声束能扫查到整个焊缝厚度。探头楔块应修磨成与焊件曲面相吻合。

C. 定位修正：在平板对接焊缝探伤中，缺陷位置是由埋藏深度和水平距离确定。而在曲面焊件对接焊缝探伤中，由于焊件曲率的影响，缺陷位置要由埋藏深度和水平距离弧长来决定，若不修正将会使定位产生很大误差。

4. 焊缝缺陷的位置、大小测定及其性质的估判

超声波探伤的最终目的就是确定焊缝中缺陷的位置、大小，将探伤数据、焊件结构及生产工艺概况进行归纳总结，根据缺陷情况对焊缝进行评级，才能确定焊接结构的合格性。

（1）缺陷位置的测定

测定缺陷在焊件或焊接接头中的位置称为缺陷定位。缺陷定位必须解决缺陷在探伤面上的投影位置（X、Y 方向数值）及存在深度（Z 方向数值），如图 2-2-21 所示。

一般可根据反射波在示波屏上的位置及扫描速度来对缺陷进行定位。

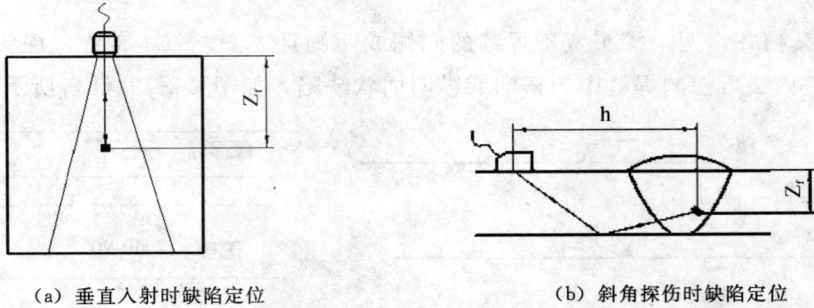

（a）垂直入射时缺陷定位   （b）斜角探伤时缺陷定位

图 2-2-21　缺陷定位

（2）垂直入射法时缺陷定位

用垂直入射法探伤时，缺陷就在直探头的下面，缺陷定位只需测定沿焊件 Z 轴的坐标，即缺陷在焊件中的深度即可。当探伤仪按 1：n 调节纵波扫描速度时，则有：

$$Z_f = n\tau_f$$

式中：Z_f——缺陷在焊件中的深度（mm）；

　　　n——探伤仪调节比例系数；

　　　τ_f——示波屏上缺陷波前沿所对应的水平刻度值。

（3）斜角探伤时缺陷定位

用斜探头探伤时，缺陷在探头前方的下面，其位置可用入射点至缺陷的水平距离 l_f 和缺陷到探伤面的垂直距离 Z_f 两个参数来描述。

①水平调节法定位：探伤仪按水平 1：n 调节横波扫描速度时，则有：

直射法探伤　　　　　　　　　　　$l_f = n\tau_f$

$$Z_f = n\tau_f / K$$

一次反射法探伤　　　　　　　　　$l_f = n\tau_f$

$$Z_f = 2\delta - n\tau_f / K$$

式中：

　　　l_f——缺陷在焊件中的水平距离（mm）；

　　　Z_f——缺陷在焊件中的深度（mm）；

　　　τ_f——缺陷波前沿所对应的水平刻度值；

　　　n——探伤仪调节比例系数；

　　　δ——探伤厚度（mm）；

　　　K——探头 K 值。

②深度调节法定位：当探伤仪按深度 1：n 调节横波扫描速度时，则有：

直射法探伤　　　　　　　　　　　$l_f = Kn\tau_f$

$$Z_f = n\tau_f$$

一次反射法探伤　　　　$$l_f = Kn\tau_f$$

$$Z_f = 2\delta - n\tau_f$$

（4）缺陷大小的测定

测定焊件或焊接接头中缺陷的大小和数量称为缺陷定量。焊件中缺陷是多种多样的，但就其大小而言，可分为小于声束截面和大于声束截面两种，对于前者的缺陷定量一般使用当量法；而对于后者的缺陷定量常采用探头移动法。

①当量法：将已知形状和尺寸的人工缺陷（平底孔或横孔）回波与探测到的缺陷回波相比较，如二者的声程、回波相等，则这个已知的人工缺陷尺寸就是被探测到的缺陷的所谓缺陷当量。"当量"概念仅表示缺陷与该尺寸人工反射体对声波的反射能量相等，并不涉及尺寸与人工反射体尺寸相等的含义。

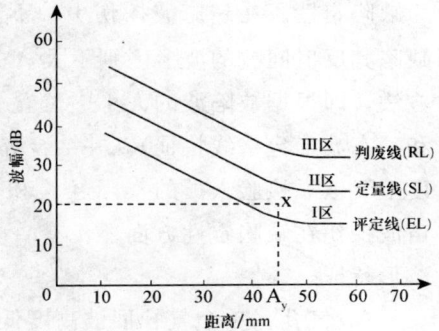

图 2-2-22　当量曲线法

当量法主要有曲线法即 DGS 法、当量计算法等。对于焊缝探伤通常采用当量曲线法，即利用具有同一孔径、不同距离的横孔试块制作距离——波幅曲线即 DAC 曲线，查出缺陷区域和当量。如图 2-2-22 所示，若探伤中在深度 $A_y = 45\mathrm{mm}$ 处有一缺陷回波时，可先将其先调到最高高度，再调到基准高度时，此时波幅读数为 $V_x = 20\mathrm{dB}$，这时在图 2-2-22 中过横坐标 $A_y = 45\mathrm{mm}$ 和纵坐标 $V_x = 20\mathrm{dB}$ 分别作相应的坐标垂线，交于图 2-2-22 中的 x 点。据此可以求得该缺陷的区域和当量。

②探头移动法：对于尺寸或面积大于声束直径或断面的缺陷，一般采用探头移动法来测定其指示长度或范围。缺陷指示长度的测定推荐采用以下两种方法。

A. 相对灵敏测长法：当缺陷反射波只有一个高点或高点起伏小于 4dB 时，用降低 6dB 相对灵敏度测定指示长度，称为相对灵敏度测长法。如图 2-2-23 所示。

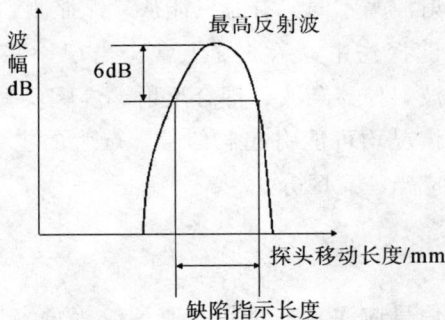

图 2-2-23　相对灵敏度法测长

B. 端点峰值测长法：在测定指示长度扫查过程中，如发现缺陷反射波峰值起伏变化，有多个高点，则以缺陷两端反射波极大值之间探头的移动长度确定为指示长度，称为端点峰值法。如图 2-2-24 所示。

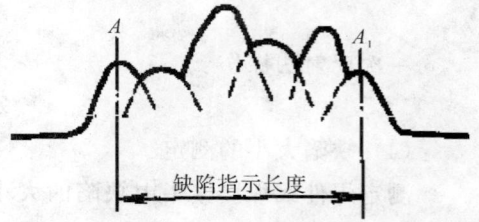

图 2-2-24 端点峰值法测长

（5）缺陷性质的估判

判定焊件或焊接接头中缺陷的性质称之为缺陷定性。在超声波探伤中，不同性质的缺陷其反射回波的波形区别不大，往往难于区分。因此，缺陷定性一般采取综合分析方法，即根据缺陷波的大小、位置及探头运动时波幅的变化特点（所谓静态波形特征和动态波形包络线特征），并结合焊接工艺情况对缺陷性质进行综合判断。这在很大程度上要依靠检验人员的实际经验和操作技能，因而存在着较大误差。到目前为止，超声波探伤在缺陷定性方面还没有一个成熟的方法，这里仅简单介绍焊缝中常见缺陷的波形特征。

A. 气孔：单个气孔回波高度低，波形为单峰，较稳定，当探头绕缺陷转动时，缺陷波高大致不变，但探头定点转动时，反射波立即消失；密集气孔会出现一簇反射波，其波高随气孔大小而不同，当探头作定点转动时，会出现此起彼伏现象。

B. 裂纹：缺陷回波高度大，波幅宽，常出现多峰。探头平移时，反射波连续出现，波幅有变动；探头转动时，波峰有上下错动现象。

C. 夹渣：点状夹渣的回波信号类似于点状气孔。条状夹渣回波信号呈锯齿状，由于其反射率低，波幅不高且形状多呈树枝状，主峰边上有小峰。探头平移时，波幅有变动；探头绕缺陷移动时，波幅不相同。

D. 未焊透：由于反射率高（厚板焊缝中该缺陷表面类似镜面反射），波幅均较高。探头平移时，波形较稳定。在焊缝两侧探伤时，均能得到大致相同的反射波幅。

E. 未熔合：当声波垂直入射该缺陷表面时，回波高度大；探头平移时，波形稳定。焊缝两侧探伤时，反射波幅不同，有时只能从一侧探测到。

值得注意的是，在焊缝探伤中，示波屏上常会出现一些非缺陷引起的反射信号，称之为假信号。如探头杂波、仪器杂波、耦合反射、焊脚反射、咬边反射、沟槽反射、焊缝错位和上下宽度不等情况均可能引起假信号。产生的主要原因是焊缝成形结构和仪器灵敏度过高。识别时应当注意区分。

5. 焊缝质量的评定

（1）缺陷评定的原则

①超过评定线的缺陷信号应注意其是否具有裂纹等危害性缺陷特征，如有怀疑应改变探头角度，增加探伤面，观察动态波形，结合工艺特征做出判定或辅以其他检验

方法做出综合判定。

②最大反射波幅超过定量线的缺陷应测定其长度，其值小于 10mm 时，按 5mm 计。相邻两缺陷各向间距小于 8mm 时，两缺陷指示长度之和作为单个缺陷的指示长度。

（2）焊缝检验结果的等级评定

①最大反射波幅位于Ⅱ区的缺陷，根据缺陷的指示长度按表 2-2-5 的规定予以评级。

②最大反射波幅不超过评定线的缺陷，均评为Ⅰ级。

③最大反射波幅超过评定线的缺陷，检验者判定为裂纹等危害性缺陷时，无论其波幅和尺寸如何，均评为Ⅳ级。

④反射波幅位于Ⅰ区的非裂纹性缺陷，均评为Ⅰ级。

⑤反射波幅超过判废线进入Ⅲ区的缺陷，无论其指示长度如何，均评定为Ⅳ级。

根据评定结果，对照产品验收标准，对产品作出合格与否的结论。不合格缺陷应予返修，返修区域修补后，返修部位及补焊时受影响的区域，应按原探伤条件进行复验。复验部位的缺陷亦应按上述方法及等级标准评定。

表 2-2-5　焊接接头质量分级

等级	板厚 T	反射波幅（所在局域）	单个缺陷指示长度 L	多个缺陷累计长度 L
Ⅰ	6～400	Ⅰ	非裂纹类缺陷	
	6～120	Ⅱ	L＝T/3，最小为 10，最大不超过 30	在任意 9T 焊缝长度范围内 L 不超过 T
	>120～400		L＝T/3 最大不超过 50	
Ⅱ	6～120	Ⅱ	L＝T/3，最小为 12，最大不超过 40	在任意 4.5T 焊缝长度范围内 L 不超过 T
	>120～400		最大不超过 75	
Ⅲ	6～400	Ⅱ	超过Ⅱ级者	超过Ⅱ级者
		Ⅲ	所以缺陷	
		Ⅰ，Ⅱ，Ⅲ	裂纹等危害性缺陷	

注 1：母材板厚不同时，取薄板侧厚度值。

注 2：当焊缝长度不足（Ⅰ级）9T 或 4.5T（Ⅱ级）时，可按比例折算。当后折算的缺陷累计长度小于单个缺陷指示长度时，以单个缺陷指示长度为准

6. 探伤记录与报告

焊缝超声波探伤后，应将探伤数据、焊件结构及生产工艺概况归纳在探伤的原始记录中，并签发检验报告。检验报告是焊缝超声波检验形成的文件，经质量管理人员

审核后，正本发送委托部门，其副本由探伤部门归档，一般应保存 7 年以上。

任务实施

一、检测前准备

1. 清理检测工件表面

为了保证检测可靠性，探伤表面应清除探头移动区的飞溅、锈蚀、油垢及其他污物。探头移动区的深坑应补焊，然后打磨平滑，出现金属光泽，以保证良好的声学接触。

2. 仪器、探头准备

本任务采用模拟式 A 型脉冲式超声波探伤仪，探伤仪型号为 SUB110。根据探伤检验等级及焊缝特点，选择横波斜探头进行探伤。探伤频率选择 2.5MHz，探头型号为 2.5P10×8K2。

3. 辅助器材准备

（1）试块：CSK－1A 标准试块、CSK－1A 参考试块。

（2）耦合剂的选择：在焊缝探伤中，常用的耦合剂有机油、甘油、浆糊、润滑脂和水等，实际探伤中用的最多的是浆糊和机油。

（3）钢直尺、记录本和笔等。

4. 超声波检测系统的校验

检验前先对超声仪进行水平、垂直线性校验，通常可采用直探头在 CSK－IA 试块上 25mm 厚度处进行水平线性的检测与校验，也可采用直探头在 CSK－IA 试块上 100mm 厚度处进行垂直线性的检测与校验。记录相应数据并计算后与标准要求进行对照（水平线性不大于 1%；垂直线性不大于 5%）。

5. 探头测定、DAC 曲线制作

（1）斜探头入射点的测试

斜探头的入射点是指其主声束轴线与探测面的交点。入射点至探头前沿的距离称为探头的前沿长度。测定探头的入射点和前沿长度是为了便于对缺陷定位和测定探头的 K 值。斜探头入射点测试方法如下：

①如图 2-2-25 所示，将探头放在 CSK－1A 标准试块的 0 位。

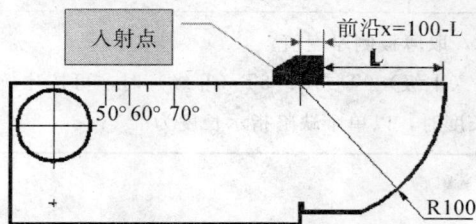

图 2-2-25 用 CSK－IA 试块测试斜探头入射点

②前后移动探头，使试块 R100 圆弧面的回波幅度最高，回波幅度不要超出屏幕，否则需要减小增益。

③当回波幅度达到最高时，保持探头不动，在与试块"0"刻度对应的探头侧面作好标记，这点就是波束的入射点，从探头刻度尺上直接读出试块"0"刻度所对应的刻度值，即为探头的前沿值。（或用刻度尺测量图 2 所示 L 值，前沿 x＝100－L。），将探头前沿值输入"探头"功能内的"探头前沿"中，探头前沿测定完毕。

（2）测定斜探头 K 值

①如图 2-2-26 将探头放在 CSK－1A 标准试块的适当的角度标记上。

②前后移动探头，找到试块边上大圆孔的回波波峰时，保持探头不动。

③在试块上读出入射点与试块上对齐的 K 值，这个角度为探头的实际 K 值，（或者通过计算斜率校准，见图 2-2-26），将此值输入"探头"功能组中的"K 值"。

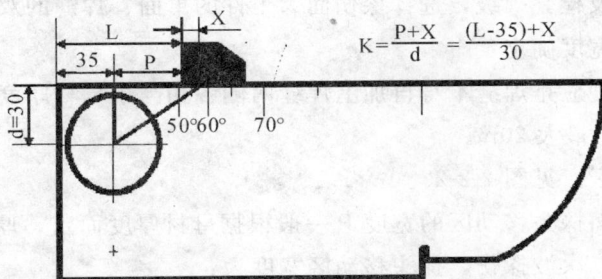

$$K=\frac{P+X}{d}=\frac{(L-35)+X}{30}$$

图 2-2-26 用 CSK－IA 试块测定斜探头 K 值

（3）制作 DAC 曲线。如图 2-2-27 所示。

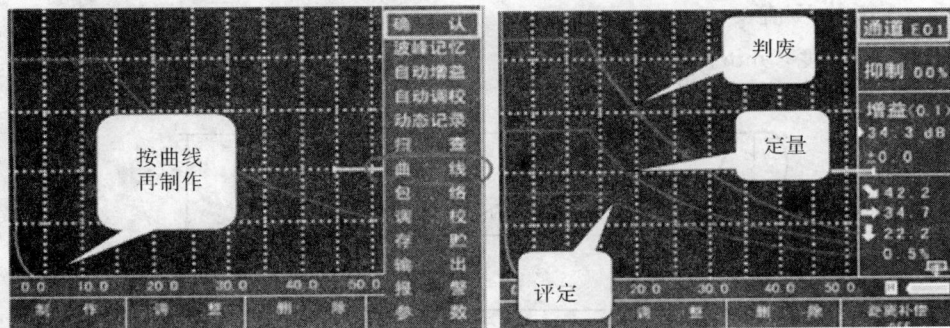

图 2-2-27 制作 DAC 曲线

按"曲线"按钮进入曲线制作栏。

在相应的"制作"菜单单击旋钮，用闸门移位锁定测试点。

将探头放置在 CSK－IIIA 试块上，对准第一个测试孔（10mm 深的孔），移动探头直到找出最高的回波，移动闸门锁定此回波，按"自动增益"调节回到80％显示范围。再按"波峰记忆"锁定闸门内的最大回波。按"确认"键完成该点的测试。

重复上面3的步骤完成（20mm、30mm、40mm……）点的测试，最少测试3个点。测试完后按"确认"键结束测试，完成第一条曲线的制作。

根据实际的测量参照 GB/T11345－1989 标准进行相关参数的设置，按"参数"键，转动旋钮选择"评定"栏，单击进行各数值的输入，包括定量、判废表面补偿的标准值，最后按参数键返回探伤界面后自动显示3条曲线。

四、检测操作

1. 探伤工艺

（1）探伤面选择

根据母材厚度及检验等级，选择探伤面为工件的单面、焊缝的双侧进行检测。

（2）检验区域宽度确定

检验区域的宽度应是焊缝本身再加上焊缝两侧各相当于母材厚度30％的一般区域，这区域最小10mm，最大20m。

（3）探头移动区。见图2-2-28。

焊缝两侧探测面探头移动区的宽度 P 一般根据母材厚度而定。厚度为 8～46mm 的焊缝采用单面两侧二次波探伤，探头移动区宽度为：

$$P \geqslant 2KT + 50 \ (mm)$$

式中：

P—探头移动宽度，mm；

K—探头的 K 值；

T—工件厚度，mm。

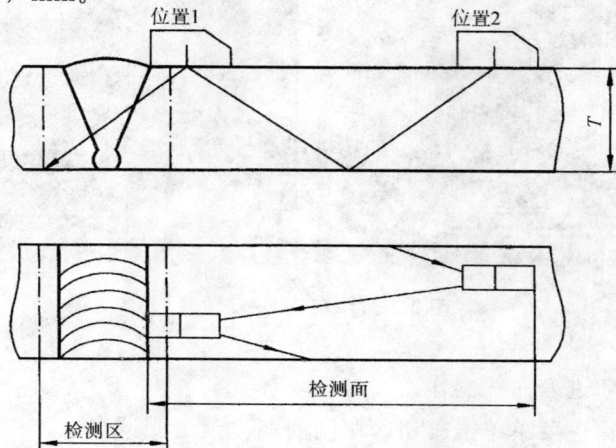

图 2-2-28　检测和探头的移动区

2. 探伤过程

（1）清除被检工件焊缝及热影响区的焊接飞溅物，保证探头扫查区的表面平整光滑，如图 2-2-29（a）。探伤时工件温度不宜过高，用手放在待检工件上不烫手方可探伤。

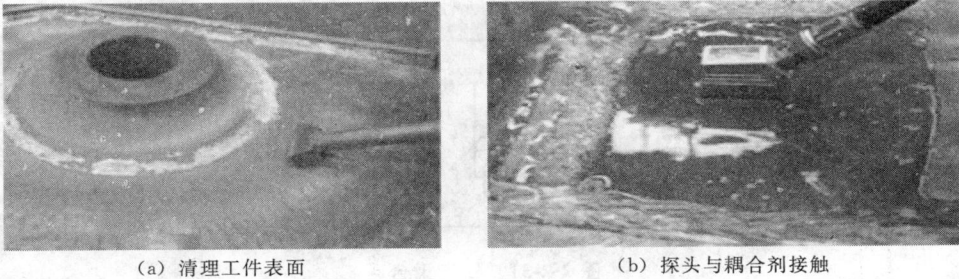

<table>
<tr><td>（a）清理工件表面</td><td>（b）探头与耦合剂接触</td></tr>
</table>

图 2-2-29

（2）用麻布和其它相关擦拭用品把待检的焊缝边清理干净，均匀地涂上耦合剂（机油、甘油、浆糊、润脂和水等）或者清洗剂，探伤时耦合剂不可漏涂，必须保证探头通过耦合剂与工件完全接触，如图 2-2-29（b）。

（3）用手按住探头施加 3kg～6kg 的力放在待测工件上进行矩形或锯齿形扫查，但在行走过程中应保持探头与焊缝垂直，扫查速度小于 50mm/s，在观察屏幕的同时时常注意一下探头行走方向，以便随时修正探头与焊缝角度（尽量垂直），如图 2-2-30（a）。

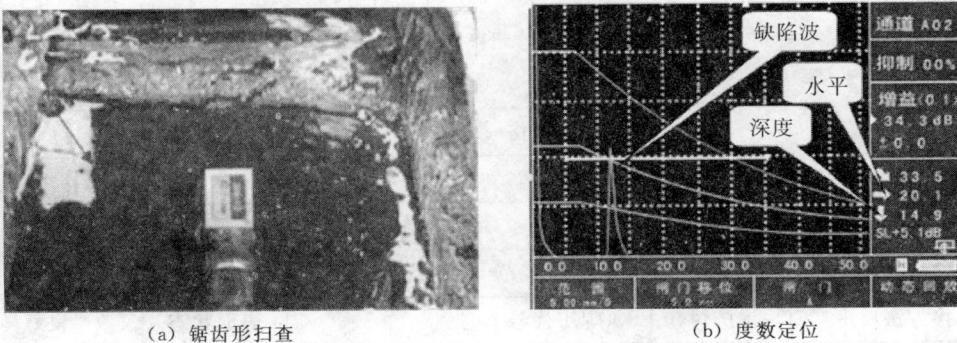

<table>
<tr><td>（a）锯齿形扫查</td><td>（b）度数定位</td></tr>
</table>

图 2-2-30

（4）当发现缺陷后观察回波高度，如果回波高度超过定量线，仔细移动探头寻找最高回波，找到最高回波后，按住探头不动，观察屏幕上数据显示区缺陷深度的读数即 "H 或 ↓"；根据仪器屏幕上显示的水平刻度值即 "→"，用钢尺从探头端头起，根据仪器屏幕上显示的水平数据进行度数定位，如图 2-2-30（b）。

（5）缺陷波分析，只有深度 "H" 和水平尺寸与我们所测量板材厚度、焊缝水平位置相当时，才说明缺陷在我们所测的焊缝上，当连续缺陷回波，直接返工。当缺陷波只在一点时直接记缺陷大小为 5mm。

（6）为避免漏探，在扫查时，探头两次扫查的区域必须保持 $1/4 \sim 1/5$ 的重合区，如图 2-2-31。

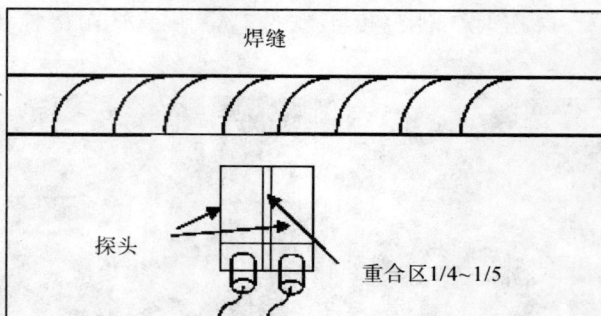

图 2-2-31 扫查重合区

五、焊缝质量评定

要根据缺陷的当量和指示长度按标准规定评定焊缝的质量级别。通过超声波检测，发现一长度 $L = 10mm$ 的缺陷波幅位于 Ⅱ 区以下，故可忽略不计，焊缝质量评定为 Ⅰ 级。

六、填写探伤报告

探伤报告样式见表 2-2-6。

表 2-2-6 超声波探伤报告

表格编号：　　　　　　　　　　　　　　　　报告编号：

探 伤 对 象					
工程名称			分项工程名称		
工件名称	对接焊缝	材质	Q235A	规格	
工件编号	YGC—1	热处理规范		坡口型式	V
焊接方法	CO_2 保护焊	焊工代号		表面状态	良好
探 伤 条 件					
仪器型号	PXUT—320C	试块型式		CSK—ⅠA	
探头规格	频率		折射角/K 值		晶片尺寸
	2.5MHz		3.0		13×13
探伤灵敏度	48dB	灵敏度补偿		4.0dB	
执行标准	JB4730—2005	要求探伤比例	10%	实际探伤比例	15%

序号	工件编号	工件规格	探伤比例	缺陷性质	缺陷长度	质量评级
1	A1	δ10	100%	/	/	I
2	A2	δ10	100%	/	/	I

图示：

审核人姓名：　　　　　　　检验员姓名：

资格：　　　　　　　　　　资格：　　　　年　月　日

检验单位：（盖章）　　　　检验技术负责人：　　　　填表人：

任务评价

任务评价见表 2-2-7。

表 2-2-7　任务评价表

班级		姓名		日期	
序号	评价要点	评分标准		配分	得分
1	评定标准查询	能查阅相关标准		10	
2	检测前准备	焊件表面清理、探伤仪、探头、试块的选择		20	
3	探伤基本操作	能制作 DAC 曲线，正确进行对接焊缝的探伤		30	
4	缺陷的评定	根据探伤结果，正确评定缺陷等级		20	
5	焊缝质量评定	根据 GB/T11345－1989 进行焊缝质量评定		10	
6	安全文明生产	穿戴劳动防护用品等		10	
总分合计				100	

【思考与练习】

1. 超声波探伤的原理及特点是什么？

2. 常用探头的种类有哪些？

3. 超声波探伤主要用于哪些对象？适合于探测何种类型的缺陷？

任务 3　磁粉检测

1. 能说出磁粉探伤的原理、特点及运用场合。
2. 能利用磁粉检测对焊缝进行检测。
3. 能进行焊接质量评定。
4. 能维护、保养工量具。

任务描述

图 2-3-1 所示为角焊缝，材料为 Q235A，板厚为 12mm，焊缝采用焊条电弧焊焊接，焊后进行磁粉检测，检测要求按《承压设备无损检测》(JB/T4730－2005) 的标准进行验收，检测等级为 I 级合格。现请检验班组检测后出具检验报告单以确定产品是否符合质量要求。

学习任务

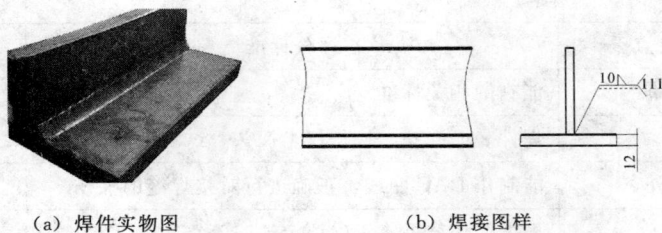

(a) 焊件实物图　　　　　　　　(b) 焊接图样

图 2-3-1　角焊缝

任务分析

要进行磁粉检测，首先要了解磁粉检测的原理、正确选择磁粉检测设备及材料；其次要掌握磁粉检测操作程序并能进行检测结果分析，最后进行焊接质量评定。本任务检测项目为角接接头焊缝，其焊缝检测面不在同一个平面上，因此采用便携式电磁轭的磁粉探伤机进行检测。

相关知识

一、磁粉探伤原理及运用

利用磁粉的聚集显示铁磁性材料及其工件表面与近表面缺陷的无损检测方法称为

磁粉检测法。该方法原理是磁化电流通过铁磁性工件表面（交流、半波直流有趋肤效应）形成电磁场，缺陷的存在会切断磁力线，形成漏磁场并吸附磁粉，磁粉堆积形成磁痕，通过观察磁痕来判断缺陷的存在（磁痕实质上就是放大了的缺陷）。如图 2-3-2 所示。

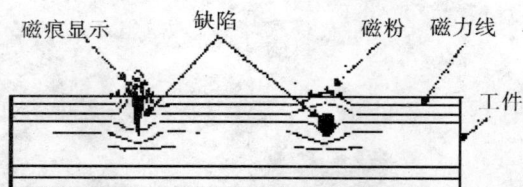

图 2-3-2 不连续处漏磁场磁痕分布

磁粉检测适用于检测铁磁性材料的表面或近表面的裂纹、夹杂、气孔、未熔合未焊透等缺陷，由于不连续的磁痕堆集于被检测表面上，所以能直观地显示出不连续的形状、位置和尺寸，并可大致确定其性质，具有很高的检测灵敏度。在管材、棒材、型材、焊接件、机加工件、锻件探伤中得到了广泛的应用，尤其是在压力容器的定检中更是发挥着独特的作用。

二、磁粉探伤设备和材料

1. 磁粉探伤设备简介

磁粉探伤设备主要由磁化电源、工件加持装置、指示与控制装置、磁粉和磁悬液喷洒装置、照明装置、退磁装置等组成，常用的磁粉探伤仪有以下几种：

（1）固定式磁粉探伤机（见图 2-3-3）

固定式磁粉探伤机是一种大型的磁粉探伤设备，一般安装在固定场合。适用于场地相对固定，中小型工件及需要较大磁化电流的可移动工件的检验。

图 2-3-3 固定式磁粉探伤机

（2）移动式磁粉探伤机（见图 2-3-4）

移动式磁粉探伤机一般都置于小车上，移动比较方便。适合小型工件和不易搬动的大型工件的探伤。

（3）便携式磁粉探伤机（见图2-3-5）

便携式磁粉探伤机具有体积小、重量轻、易于搬动等优点，适合于高空、野外及锅炉、压力容器焊缝的探伤。

图 2-3-4　移动式磁粉探伤机　　　　图 2-3-5　便携磁粉探伤机

2. 磁粉检测材料

（1）磁粉

磁粉是显示缺陷的介质，磁粉质量和选择将直接影响检测效果。

①磁粉的种类。按磁痕观察方式分为：荧光磁粉和非荧光磁粉，见图2-3-6；按施加方式分为：湿磁粉和干磁粉。

A. 荧光磁粉：在黑光灯下观察磁痕显示的磁粉称为荧光磁粉。荧光磁粉组成以磁性氧化铁粉，工业纯铁粉，基铁粉为核心，外覆荧光染料等。荧光磁粉的颜色、亮度与工件颜色的对比度，对磁粉检测灵敏度至关重要。在紫外线照射下发出波长为510～550nm的荧光，在黑光灯下荧光磁粉呈黄绿色，色泽鲜明，容易观察，可见度和对比度均高，适用于任何颜色的被检表面。使用荧光磁粉能提高检测速度，有效降低漏检率。对在用特种设备进行磁粉检测时，材质为高强钢或对裂纹敏感材料，或是长期工作在腐蚀介质环境下，有可能发生应力腐蚀裂纹的场合，其内壁应选择荧光磁粉检测。荧光磁粉一般只适用于湿法。

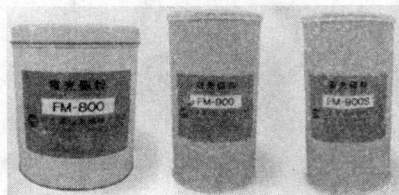

图 2-3-6　各种磁粉

B. 非荧光磁粉：在可见光下观察磁痕显示的磁粉称为非荧光磁粉。常用的有四氧化三铁 Fe_3O_4 黑磁粉、γ 三氧化二铁（$\gamma-Fe_2O_3$）红褐色磁粉、蓝磁粉和白磁粉。前两种磁粉适用于湿法也适用于干法，后两种只适用于干法。

②磁粉的性能。磁粉的性能包括磁性、粒度、颜色、流动性、形状、密度等，如图 2-3-6 所示，磁粉性能应满足以下要求：

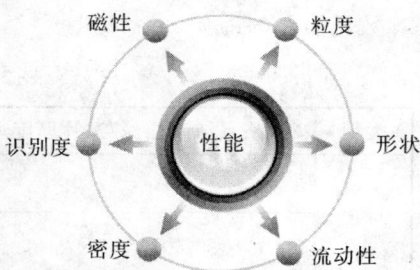

图 2-3-7 磁粉性能

A. 磁粉具有高磁导率和低剩磁性质，磁粉之间不应相互吸引。用磁性称重法检验时，磁粉的称量值应大于 7g。

B. 干法用磁粉粒度范围 $10\sim50\mu m$，最大不超过 $150\mu m$（一般推荐干法用 $80\sim160$ 目的粗磁粉）；湿法用黑磁粉和红磁粉粒度宜采用 $5\sim10\mu m$，粒度大于 $50\mu m$ 的磁粉不能用于湿法检测（一般推荐湿法用 $300\sim400$ 目的细磁粉）；荧光磁粉粒度在 $5\sim25\mu m$ 之间。

C. 磁粉的形状有不规则条状、椭圆形和球形等几种颗粒形状。为了使磁粉既有良好的磁性又有良好的流动性，所以理想化的磁粉可由一定比例球形颗粒和条状颗粒组成。

D. 磁粉的颜色应与被检验工件有较大的反差。

探伤时，为保证检验灵敏度，应事先用灵敏度试片对干、湿磁粉进行性能和灵敏度试验。而且使用前必须在 $60\sim70℃$ 的温度下经过 2h 烘干处理。

（2）磁悬液

将磁粉混合在液体介质中形成磁粉的悬浮液叫磁悬液。用来悬浮磁粉的液体叫载液，磁粉检测常用油或水作载液，水载液须添加润湿剂、防锈剂、消泡剂。根据采用的磁粉和载液的不同，可以将磁悬液分为油基磁悬液、水基磁悬液和荧光磁悬液等。

3. 磁粉检测灵敏度试片和试块

（1）标准试片

①用途：

A. 检验设备、磁粉、磁悬液的综合性能（系统灵敏度）。

B. 检测磁场方向、有效磁化范围、大致的磁场强度。

C. 考察所用的探伤工艺和操作方法是否妥当。

D. 确定磁化规范。

②分类：

常用的有 A_1 型、C 型、D 型和 M_1 型四种，见表 2-3-1。试片由 DT4A 超高纯低碳纯铁制成。用于加工试片的材料，包括经退火处理和未经退火处理两种。试片分类符号用大写英文字母表示，A、C、D 型用 A、C、D 表示，热处理状态用阿拉伯数字表示，经退火处理的为 1 或空缺，未经退火处理的为 2。型号名称中的分数，分子表示试片人工缺陷槽的深度，分母表示试片的厚度，单位为 μm。常用磁粉灵敏度试片规格、参数见表 2-3-1。

表 2-3-1　常用磁粉灵敏度试片

类型	规格：缺陷槽深/试片厚度，μm		图形和尺寸，mm
A₁ 型	A₁－7/50		
	A₁－15/50		
	A₁－30/50		
	A₁－15/100		
	A₁－30/100		
	A₁－60/100		
C 型	C－8/50		
	C－15/50		
D 型	D－7/50		
	D－15/50		
M₁ 型	∅12mm	7/50	
	∅9mm	15/50	
	∅6mm	30/50	

注：C 型标准试片可剪成 5 个小试片分别使用。

试片的型号名称中的分数分子代表人工缺陷槽的深度，分母表示试片的厚度，单位为 μm。

③使用：

A. 试片只适用于连续法检测，用连续法检测时，检测灵敏度几乎不受被检工件材质的影响，仅与被检工件表面磁场强度有关。承压设备磁粉检测时，一般应选用 A1－30/100 的试片，灵敏度要求高时，可选用 A1－15/100 的试片。应注意：试片不适用于剩磁法检测。

B. 根据工件探伤面的大小和形状，选取合适的试片类型。探伤面大时，可选用 A1 型。探伤面窄小或表面曲率半径小时，可选用 C1 型或 D1 型，因 C1 型试片可剪成 5 个小试片单独使用。

C. 根据工件检测所需的有效磁场强度，选取不同灵敏度的试片。需要有效磁场强度较小时，选用分数值较大的低灵敏度试片，需要有效磁场强度较大时，选用分数值较小的高灵敏度试片。

D. 试片表面锈蚀或有褶纹时，不得继续使用。

E. 使用试片前，应用溶剂清洗防锈油。如果工件表面贴试片处凹凸不平，应打磨平，并除去油污。

F. 将试片有槽的一面与工件受检面接触，用透明胶纸靠试片边缘贴成"#"字形，并贴紧（间隙应小于 0.1mm），但透明胶纸不得盖住有槽的部位。

G. 也可选用多个试片，同时分别贴在工件上不同的部位，可看出工件磁化后，被检表面不同部位的磁化状态或灵敏度的差异。

H. 用完试片后，可用溶剂清洗并擦干。干燥后涂上防锈油，放回原装片袋保存。

（2）标准试块

①用途：基本同试片，但不能用于确定磁化规范也不能考察被检工件表面的磁场方向和有效磁化区。

②分类：

A. B 型试块（直流标准环形试块）：由铬工具钢钨锰（一般退火的 9CrWMn 钢锻件）制成。硬度 90－95HRB。端面钻有 12 个人工通孔。其直径 0.07 英寸（1.778mm）。每孔距外圆表面距离依次递加 0.07 英寸。磁化时，检查应达到灵敏度要求的最少孔数。该试块用于中心导体法，直流磁化，连续法检查。结构与尺寸如图 2-3-8 所示。

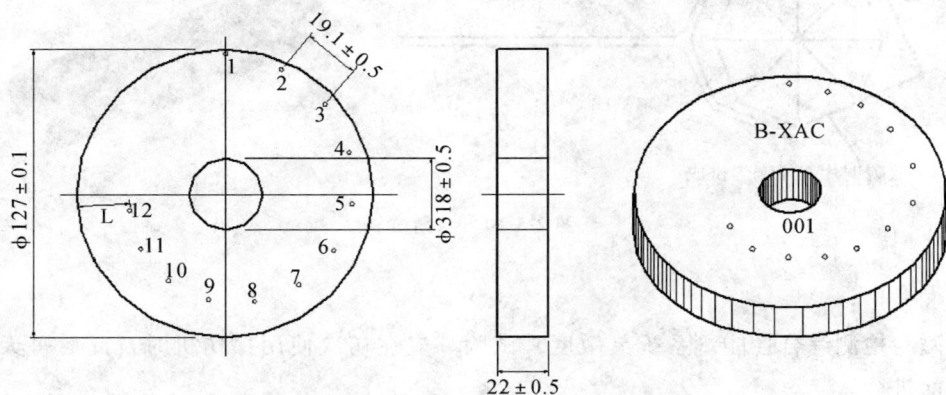

图 2-3-8　B 型试块

B. E 型试块（交流标准环形试块）：该试块是个组合件，它由钢环、胶木衬套和铜棒组成。钢环由低碳钢（一般退火的 10♯ 钢锻件）制成。钢环上钻有 3 个 $\varnothing 1$ 的通孔，孔中心距铜棒中心的距离分别为 23.5mm/23mm/22.5mm。使用时，将铜棒夹在交流探伤机的电极夹头间，磁化时观察钢环外表面的磁痕显示。结构与尺寸如图 2-3-9 所示。

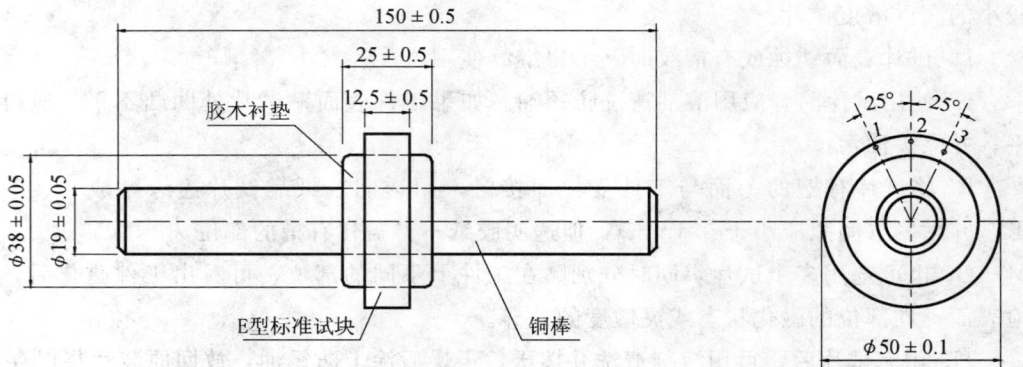

图 2-3-9　E 型试块

C. 磁场指示器：又称八角试块，由八块低碳钢三角形薄片（3.2mm）与 0.25mm 的铜片焊在一起构成。它的用途与 A_1 型试片类似，但它是一种粗略的校验工具，粗略校验被检工件表面的磁场方向、有效磁化区以及磁化方法是否正确。连续法使用。使用时，将铜面朝上，碳钢面贴近被检工件面。结构与尺寸如图 2-3-10 所示。

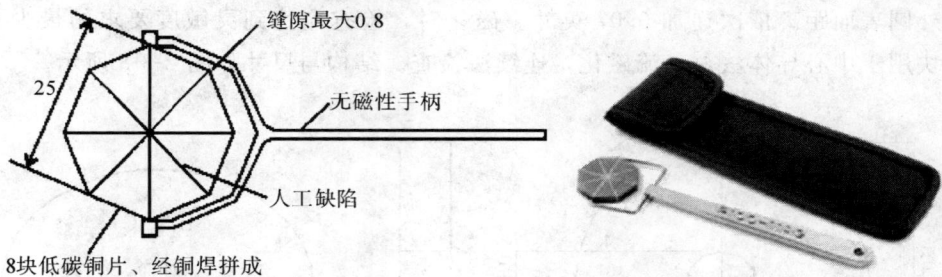

图 2-3-10　八角试块

③使用：

磁粉检测综合性能（系统灵敏度）试验，应在初次使用探伤机时及此后每天开始工作前进行。

A. E 型标准试块：将 E 型标准试块穿在铜棒上，通以 700A（有效值）的交流电，用中心导体法周向磁化，用湿连续法检验时，在 E 型标准试块应能清晰显示出一个人工孔的磁痕，为综合性能试验合格。

B．B 型标准试块：将 B 型标准试块穿在直径为 25mm～38mm 的铜棒上，用中心导体法周向磁化，用湿连续法检验，所用磁化电流与所显示孔的最少数量如表 2-3-2 所示时，为综合性能试验合格。

表 2-3-2 B 型标准试块要求显示出的孔数

方法	磁化电流，A	所显示出孔的最少数量
荧光磁粉/非荧光磁法 湿 法	1400 2500 3400	3 5 6
非荧光磁粉 干 法	1400 2500 3400	4 6 7

三、磁粉探伤过程

磁粉探伤过程包括：焊件表面预处理、焊件磁化、施加磁粉、检验、记录、退磁等过程。

1. 焊件表面预处理

被检工件的表面状态对磁粉检测的灵敏度有很大的影响。例如，光滑的表面有助于磁粉的迁移，而锈蚀或油污的表面则相反。为了能获得满意的检测灵敏度，检测前应对被检表面做预处理，干燥、除锈以及去除表面的局部涂料（避免因触点接触不良产生电弧灼伤被检表面）。

2. 焊件磁化

（1）焊件磁化方法

选择适当的磁化方法及磁化规范，然后利用磁粉探伤设备对焊件进行磁化准备磁粉探伤。用于焊缝探伤的磁化方法有多种，各有特点。要根据焊接件的结构形状、尺寸、检测的内容和范围等具体情况加以选择。常用的磁化方法主要有通电法、中心导体法、触头法、线圈法、磁轭法、多向磁化法等。各种磁化方法的特点与应用范围见表 2-3-3。

表 2-3-3　各种磁化方法特点及应用

磁化方法	示意图	特点与使用范围
通电法		将工件夹于探伤机的两磁化夹头之间，使电流从被检工件上直接流过，在工件的表面和内部产生一个闭合的周向磁场，用于检查与磁场方向垂直、与电流方向平行的纵向缺陷 工件可一次通过电磁化，其长度与所需电流值无关，工艺简单，效率高，检验灵敏度高，但接触不良会产生电弧烧伤
磁轭法		用固定式电磁轭两磁极夹住工件进行整体磁化，设备轻便，用于发现与两磁极连线垂直的缺陷。适用于平面焊缝、角焊缝的磁粉检测
线圈法		将工件放在通电线圈中，或用软电缆缠绕在工件上通电磁化，形成纵向磁场，用于发现工件的周向（横向）缺陷。适用于纵长工件如焊接件、轴、管子、棒材、铸件和锻件的磁粉检测
旋转磁场法		工件表面磁场方向连续改变，呈旋转规律，一次可检测出焊缝表面上任意方向的缺陷，检测速度快。适用于检测平面焊缝结构
触头法		用两个电极触头将磁化电流导入被检工件进行局部磁化的方法。为避免漏检缺陷，对同一被检部位应通过改变触点连线方位的方法，至少进行两次相互垂直的检测。触头法适用于平板对接焊缝、T型焊缝、管板焊缝、角焊缝以及大型铸件、锻件和板材的局部磁粉检测

（2）焊件磁化规范

磁化规范的选择直接影响磁粉检测灵敏度和出现伪缺陷的多少，最佳磁场强度一般位于磁滞曲线的拐弯处。具体选择磁化规范时可参考下列计算方法。

①轴向通电法和中心导体法的磁化规范按表 2-3-4 中公式计算。

表 2-3-4　轴向通电法和中心导体法磁化规范

检测方法	磁化电流计算公式	
	交流电	直流电、整流电
连续法	I＝（8～15）D	I＝（12～32）D
剩磁法	I＝（25～45）D	I＝（25～45）D

注：D为工件横截面上最大尺寸，mm。

中心导体法可用于检测工件内、外表面与电流平行的纵向缺陷和端面的径向缺陷。外表面检测时应尽量使用直流电或整流电。

②采用电缆缠绕线圈以纵向磁化法检测管道环焊缝时，磁化电流可用下式求得：

$$NI＝35000/（L/D＋2）$$

式中：N—线圈匝数；

I—磁化电流值，A；

L—管道长度，mm；

D—管道直径，mm。

L/D—长径比，L/D＜3 时，此式不适用；L/D＞15 时，取 15。

③采用触头法时，电极间距应控制在 75mm～200mm 之间。磁场的有效宽度为触头中心线两侧 1/4 极距，通电时间不应太长，电极与工件之间应保持良好的接触，以免烧伤工件。两次磁化区域间应有不小于 10% 的磁化重叠区。检测时磁化电流应根据标准试片实测结果来校正。磁化规范见表 2-3-5。

表 2-3-5　触头法磁化电流值

工件厚度 T，mm	电流值 I，A
T＜19	（3.5～4.5）倍触头间距
T≥19	（4～5）倍触头间距

④采用磁轭法时，磁轭的磁极间距应控制在 75mm～200mm 之间，检测的有效区域为两极连线两侧各 50mm 的范围内，磁化区域每次应有不少于 15mm 的重叠。磁化电流应根据标准试片实测结果来选择；如果采用固定式磁轭磁化工件时，应根据标准试片实测结果来校验灵敏度是否满足要求。

⑤各种焊接接头的典型磁化方法及磁化规范（见表 2-3-6）

表 2-3-6 磁轭法和触头法的典型磁化方法

磁轭法的典型磁化方法		触头法的典型磁化方法	
	L≥75mm b≤L/2 β≈90°		L≥75mm b≤L/2 β≈90°
	L≥75mm b≤L/2		L≥75mm b≤L/2
	L_1≥75mm L_2≥75mm b_1≤L_1/2 b_2≤L_2−50		L≥75mm b≤L/2
	L_1≥75mm L_2>75mm b_1≤L_1/2 b_2≤L_2−50		L≥75mm b≤L/2
	L_1≥75mm L_2≥75mm b_1≤L_1/2 b_2≤L_2−50		L≥75mm b≤L/2

表 绕电缆法和交叉磁轭法的典型磁化方法

绕电缆法的典型磁化方法		交叉磁轭法的典型磁化方法
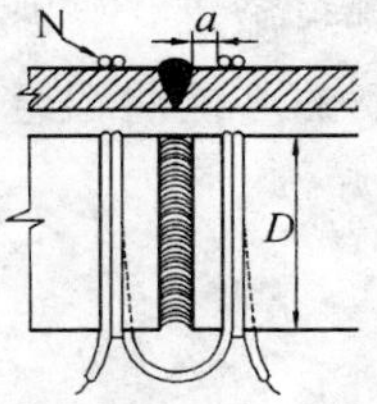 平行于焊缝的缺陷检测	20≤a≤50	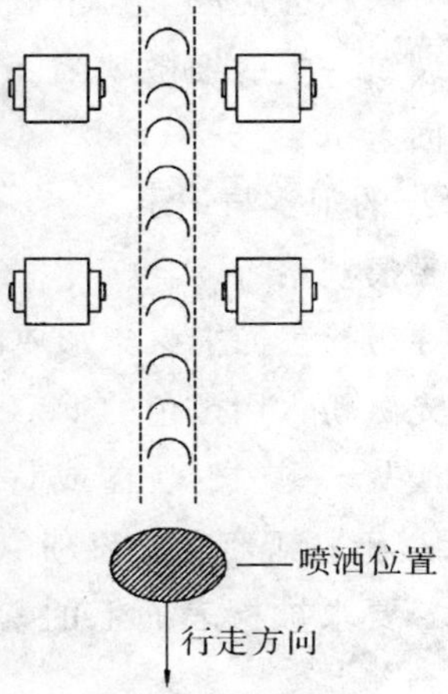 垂直焊缝检测
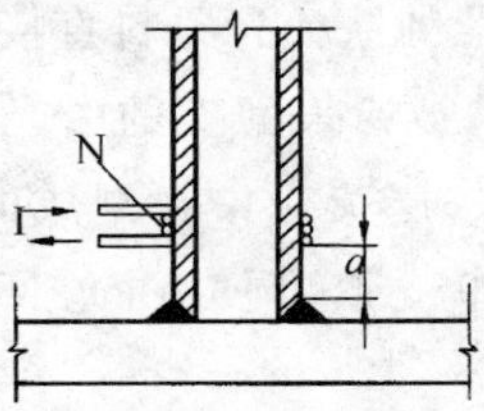 平行于焊缝的缺陷检测	20≤a≤50	
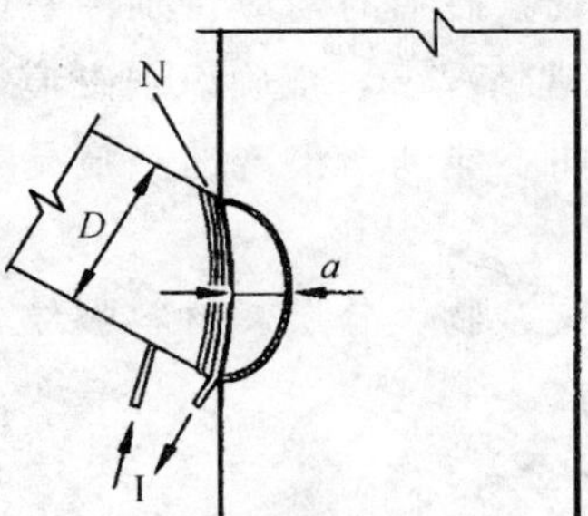 平行于焊缝的缺陷检测	20≤a≤50	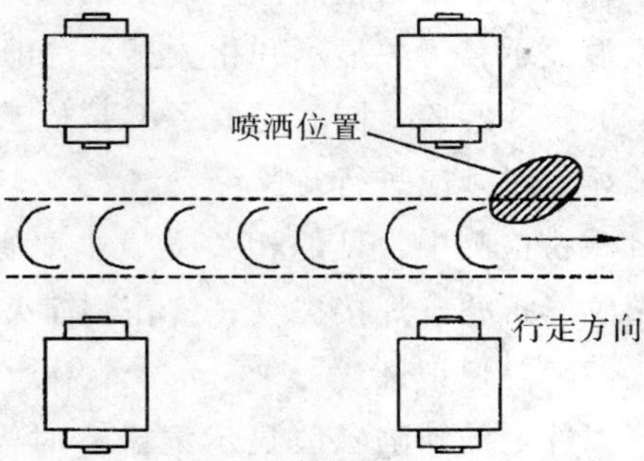 垂直焊缝检测

注1：N——匝数；I——磁化电流（有效值）；a——焊缝与电缆之间的距离。

注2：检测球罐环向焊接接头时，磁悬液应喷洒在行走方向的前上方。

注3：检测球罐纵向焊接接头时，磁悬液应喷洒在行走方向。

3. 施加磁粉

磁粉施加方法主要有以下两种方法：

（1）干法：用干燥磁粉（粒度范围以 $10\sim60\mu m$ 为宜）进行磁粉检测的方法称为干法。干法常与电磁轭或电极触头配合，广泛用于大型铸、锻件毛坯及大型结构件焊缝的局部磁粉检测。用干法检测时，磁粉与被检工件表面先要充分干燥，然后用喷粉器或其他工具将呈雾状的干燥磁粉施于被检工件表面，形成薄而均匀的磁粉覆盖层，同时用干燥的压缩空气吹去局部堆积的多余磁粉。观察磁痕应与喷粉和去除多余磁粉同时进行，观察完磁痕后再撤除外加磁场。

（2）湿法：磁粉（粒度范围以 $1\sim10\mu m$ 为宜）悬浮在油、水或其他载体中进行磁粉检测的方法称为湿法。与干法相比较，湿法具有更高的检测灵敏度，特别适合于检测如疲劳裂纹一类的细微缺陷。湿法检测时，要用浇、浸或喷的方法将磁悬浮液施加到被检表面上。

4．磁痕的观察与记录

（1）磁痕观察

磁粉在被检表面上聚集形成的图像称为磁痕。观察磁痕应使用 $2\sim10$ 倍的放大镜。观察非荧光磁粉（用黑色的 Fe_3O_4 或褐色的 $\gamma-Fe_2O_3$ 及工业纯铁粉为原料直接制成的磁粉，有浅灰、黑、红、白或黄几种颜色）的磁痕时，要求被检表面上的白光照度达到1000lx以上；观察荧光磁粉（在上述铁粉外面再涂覆上一层荧光染料制成的磁粉）的磁痕时，要求被检表面上的紫外线（黑光）照度不低于970lx，同时白光照度不大于10lx。

（2）磁痕分析

在实际的磁粉检测中，磁痕的成因是多种多样的。观察磁痕时，应特别注意区别假磁痕显示、无关显示和相关显示（即缺陷磁痕）。在通常情况下，正确识别磁痕需要丰富的实践经验，同时还要了解被检工件的制造工艺。如不能判断出现的磁痕是否为相关显示时，应进行复验。

磁粉检测中常见的相关磁痕主要有：发纹、非金属夹杂物、分层、材料裂纹、锻造裂纹、折叠、焊接裂纹、气孔、淬火裂纹和疲劳裂纹等。

（3）磁痕记录

工件上的缺陷磁痕显示记录有时需要连同检测结果保存下来，作为永久性记录。缺陷磁痕显示记录的内容是：磁痕显示的位置、形状、尺寸和数量等，常用的记录的方法有照相、贴印、橡胶铸型法、录像、可剥性涂层、临摹等。

5．退磁

在大多数情况下，被检工件上带有剩磁是有害的，故须退磁。所谓退磁就是将被检工件内的剩磁减小到不妨碍使用的程度。常用的退磁方法有交流退磁法和直流退磁法。

（1）交流退磁：常用的交流退磁方法是将被检工件从一个通有交流电的线圈中沿轴向逐步撤出至距离线圈1.5m以外，然后断电。将被检工件放在线圈中不动，逐渐将电流值降为零也可以收到同样的退磁效果。

（2）直流退磁：在需要退磁的被检工件上通以低频换向、幅值逐渐递减为零的直流电可以更为有效地去除工件内部的剩磁。用强磁计可以测定退磁的效果。压力容器退磁以后的剩磁不能超过0.3mT。

退磁后的焊件要用剩磁测定仪检验退磁效果，或用未被磁化的铁丝或磁粉靠近工件，当不被吸附时，说明退磁效果好。

6. 磁粉探伤报告

探伤报告是根据磁粉探伤实际操作时所记录的内容整理成正式文件，探伤报告应当包括下列内容：

（1）检测公司名称、被检工件名称、尺寸、材质、热处理状态、检测日期、焊件接头形式等。

（2）探伤设备型号、触头或磁轭间距、磁粉种类、磁悬液种类、磁粉施加方法、磁化方法、磁化电流的种类和大小、通电时间等。

（3）缺陷的类型、磁痕的解释和等级评定。

（4）探伤人员姓名、相应资格和签名。

四、焊接缺陷的判断和焊缝等级的确定

1. 缺陷的磁痕

检测磁痕根据其所处位置、外观形状与焊件材质等因素不同一般可分为三类，磁痕的分类见表 2-3-7。根据磁痕的长轴和短轴之比，小于 3mm 的缺陷磁痕为圆形，大于等于 3mm 的缺陷磁痕为线形，长度小于 0.5mm 的磁痕不计，两条或两条以上缺陷磁痕在同一直线 I—N 间距不大于 2mm 时，按一条磁痕处理，其长度为两条磁痕之和加间距。缺陷磁痕长轴方向与工件（轴类或管类）轴线或母线的夹角大于或等于 30° 时，按横向缺陷处理，其他按纵向缺陷处理。

表 2-3-7 磁痕分类

磁痕类别	磁痕特征	产生原因
表面缺陷	磁痕尖锐、轮廓清晰、磁粉附着紧密	冷裂纹、火口裂纹、应力腐蚀裂纹、未熔合等
近表面缺陷	磁痕宽而不尖锐，采用直流或半波整流磁化效果好	焊道下裂纹、非金属夹渣等
伪缺陷	磁痕模糊，退磁后复检会消失	有杂散磁场、磁化电流过大等

2. 非缺陷的磁痕

焊件由于局部磁化，截面尺寸突变，磁化电流过大以及焊件表面机械划伤等会造成磁粉的局部聚积而造成误判，可结合探伤时的情况予以区别。

3. 焊缝等级的确定及验收

（1）不允许存在的缺欠

不允许存在任何裂纹和白点、焊缝及紧固件上任何长度大于 1.5mm 的线性缺陷显示、单个尺寸大于或等于 4mm 的圆形缺陷显示。

（2）焊接接头的磁粉检测质量分级，见表 2-3-8。

表 2-3-8　焊接接头的磁粉检测质量分级

等级	线性缺陷磁痕	圆形缺陷磁痕 （评定框尺寸为 35mm×100mm）
Ⅰ	不允许	d≤1.5，且在评定框内不大于 1 个
Ⅱ	不允许	d≤3.0，且在评定框内不大于 2 个
Ⅲ	l≤3.0	d≤4.5，且在评定框内不大于 4 个
Ⅳ		大于Ⅲ级
注：l 表示线性缺陷磁痕长度，mm；d 表示圆形缺陷磁痕长径，mm。		

任务实施

一、检测前准备

1. 检测设备

管与板接头是铁磁性材料，对此角焊缝可采用磁轭法进行检测。因此，采用的磁粉探伤设备型号为 CJD－1000 型便携式磁粉探伤机，其主要由主机电源、磁轭、电缆（电源电缆、磁轭与主机连接电缆）组成。探伤前检查设备完好状态，确认设备正常。

2. 检测器材

（1）磁粉：一般灵敏度下采用普通黑色磁粉，按要求配制成磁悬液，一般载体媒介为水，每升加 10～25g 磁粉。磁悬液浓度的测定采用磁悬液浓度测定管进行。磁悬液浓度应按受检部位表面粗糙度及使用方式确定，一般其沉淀浓度应控制在 1.2～2.4mL/100mL 的范围内或按制造厂的推荐配比，满足标准要求即可。磁悬液使用前需要进行搅拌。

（2）试片：A₁ 型灵敏度试片，焊缝磁粉检测常用 A₁—30/100 试片作为检测灵敏度的测试工具，如图 2-3-11 所示。

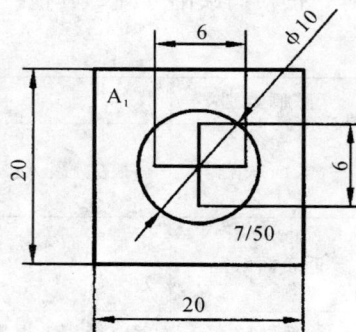

图 2-3-11　A₁ 型灵敏度试片

（3）其他器材：钢板尺、照明灯、胶带、照相机。

3. 设备校验

磁粉检测设备使用前必须已进行了相应的校验，确保设备使用有效。按标准《承压设备无损检测》（JB/T4730—2005）的要求，磁粉检测设备的电流表，至少半年校验一次。当设备进行重要电气修理或大修后，应进行校验。电磁轭的提升力至少半年校验一次，在磁轭损伤修复后应重新校验。

4. 工件表面准备

被检工件表面不得有油脂、铁锈、氧化皮或其他粘附磁粉的物质。表面的不规则状态不得影响检测结果的正确性和完整性，否则应作适当的修理。如打磨，打磨后被检工件的表面粗糙度 $Ra \leqslant 25\mu m$。如果被检工件表面残留有涂层，当涂层厚度均匀不超过 0.05mm，且不影响检测结果时，经合同各方同意，可以带涂层进行磁粉检测。

二、检测操作

1. 接通设备上电缆，将两根 $55mm^2$ 电缆一端为大电流插头，可插入仪器面板大电流插座上，并用插头所带加紧螺母使大电流插座加紧在插头上，以避免因接触不良而引起故障。电缆另一端为铜接头，它可接到附件支杆探头上，作极棒法磁化。

2. 探头磁极面应和被探工件表面接触，方可按动手把上的"充磁"按钮，这时"充磁指示"灯亮，表明被探工件已经被磁化。

3. 将 A_1 型试片无人工缺陷的一面朝上，用胶带粘贴在角焊缝边缘。手持探头对准试片，喷晒磁悬液。按下探头上的按钮开关，工件被磁化。每次通电 0.5s，连续通电 2～3 次，注意断电之前停止施加磁悬液。然后将磁轭旋转 $90°$ 与焊缝平行并跨过试片，再进行2～3次磁化，并同时进行观察。此时如果试片上显示了一个十字形磁痕，则说明检测灵敏度满足标准要求，可以进行正常检测程序。否则，必须检查原因，或更换设备再进行试片检测，直到灵敏度满足要求后才能进行正式的检测。

4. 灵敏度检测合格后，将试片取走，对焊缝进行检测，检测时磁轭的磁极间距应控制在 $75mm \sim 200mm$ 之间，检测的有效区域为两极连线两侧各 50mm 的范围内，以相互成 $90°$ 的方式进行检测，并施加磁悬液，同时采用

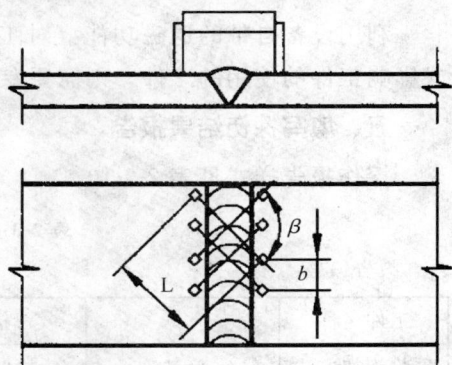

$L \geqslant 75mm; \ b \leqslant L/2; \ \beta \approx 90°$

图 2-3-12

照明灯观察。其磁化范围应根据标准试片实测结果来选择。有效磁化区域每次应有不少于 15mm 的重叠，如图 2-3-12 所示。

三、检测结果评定

1. 缺陷磁化的观察应在磁痕形成后立即进行，观察焊缝表面及两侧 25mm 范围内有无磁痕显示，对所有显示的磁痕进行分析。

2. 对确认是缺陷的磁痕，需要利用钢尺进行显示长度测定，以及进行缺陷特性评定。评定方法按表 2-3-9 进行。并采用照相或胶带的方式进行显示记录。

表 2-3-9　缺陷特性评定

等级	线性缺陷磁痕	圆形缺陷磁痕 （评定框尺寸为 35mm×100mm）
Ⅰ	不允许	d≤1.5，且在评定框内不大于 1 个
Ⅱ	不允许	d≤3.0，且在评定框内不大于 2 个
Ⅲ	l≤3.0	d≤4.5，且在评定框内不大于 4 个
Ⅳ	大于Ⅲ级	

注：l 表示线性缺陷磁痕长度，mm；d 表示圆形缺陷磁痕长径，mm。

3. 对于确认不是缺陷显示或不能确认时，需要重新进行磁化和施加磁悬液进行检测。如果再现性较好则可认为是缺陷，并进行评定和记录；如果无再现性，则可认为是伪显示。

4. 本管板焊件的角焊缝没有发现磁痕。因此，根据《承压设备无损检测》（JB/T4730—2005），检测结果评定为Ⅰ级合格。

四、退磁

利用设备自带的退磁功能，对工件进行退磁操作。对于可能影响下道工序的加工或影响工件的使用的工件，则需要专用退磁设备进行退磁处理。

五、填写探伤结果报告

探伤报告样式见表 2-3-10。

表 2-3-10　磁粉探伤工艺报告

报告编号：

工件名称		材质		工件炉批号	
磁粉施加方法	浇法	检验部位	焊缝	表面状态	合格
提升力	≥45N	仪器型号	CDX—220	标准试块（片）	A₁—15/50
检测方法	磁轭法	极距	92mm	电流种类	交流
磁粉种类	非荧光磁粉	检验标准	EN1290	磁悬液浓度	10—25g/L

草图

续表

检验结果：		合格	不合格		
备注					
探伤人员		年　月　日	审核		年　月　日

任务评价

任务评价见表 2-3-11。

表 2-3-11　任务评价表

班级		姓名		日期	
序号	评价要点	评分标准		配分	得分
1	评定标准查询	能查阅相关标准		10	
2	检测前准备	正确选择检测设备、材料、工具		20	
3	检测基本操作	能进行焊缝检测		30	
4	缺陷的评定	根据检测结果，正确评定缺陷等级		20	
5	焊缝质量评定	根据标准进行焊缝质量评定		10	
6	安全文明生产	穿戴劳动防护用品等		10	
	总分合计			100	

【思考与练习】

1. 磁粉探伤的原理是什么？有何特点及应用？

2. 常用的磁化方法有哪几种？如何选择？

3. 简述磁粉探伤操作程序。

任务 4　渗透检测

学习目标

1. 能叙述渗透检测的原理及特点。

2. 熟悉渗透检测剂的分类及使用场合，根据不同的工作条件选择合适的渗透剂，并能配置渗透剂。

3. 能进行渗透检测操作。

4. 能进行渗透检测缺陷评定方法、原则及检测报告的编制方法，初步具有出具检测报告的能力。

任务描述

某企业生产如图所示的压力容器，规格 $\varnothing 400 \times 700mm$，壁厚 12mm，材质 1Cr18Ni9，容器类别Ⅲ类。容器分两段制造，中部的一条环焊缝为现场组焊，如图 2-4-1 所示。该焊缝试压后要求做 20％渗透检测，检测标准按《承压设备无损检测》(JB/T4730－2005) 标准进行，Ⅰ级为合格（检测现场为露天，气温可达 35℃）。现请检验班组检测后出具检验报告单以确定产品是否符合质量要求。

学习任务

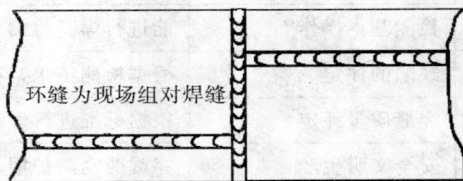

环缝为现场组对焊缝

（a）容器实物图　　　　　　　　　　　　　（b）焊缝示意图

图 2-4-1　容器渗透检测图

任务分析

该容器为不锈钢材料制作，是非铁磁性材料，采用渗透检测比较合适。为了顺利完成渗透检测操作，需先学习渗透检测原理，正确选择渗透检测设备、材料和检测方法。掌握渗透检测的操作程序及检测结果质量分析等，最终实现对该容器的渗透检测，并出具检测报告。

相关知识

一、渗透检测原理及特点

很早以前，人们就掌握了把水置于容器内检查容器是否有泄漏这类探伤技术。也有人利用工件表面的铁锈来检查缺陷，因为在室外存放的钢板，由于水分渗入裂纹而形成氧化物，使裂纹处的铁锈比邻近区域要多。

1. 渗透检测原理

渗透检测的基本原理就是在被检材料或工件表面上浸涂渗透力比较强的液体，利用液体对微细孔隙的渗透作用，将液体渗入孔隙中。然后，用水和清洗液清洗材料或工件表面的剩余渗透液。最后再用显示材料喷涂在被检工件表面，借助毛细管的作用原理，将孔隙中的渗透液吸出来并加以显示。渗透检测的基本步骤如图 2-4-2 所示。

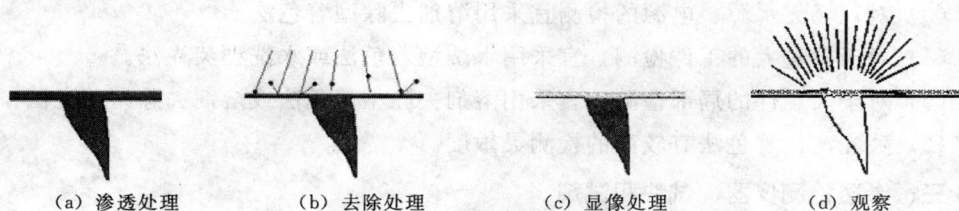

(a) 渗透处理　　(b) 去除处理　　(c) 显像处理　　(d) 观察

图 2-4-2 渗透检测基本步骤

2. 渗透检测特点

（1）工作原理简单，对操作者的技术要求不高。

（2）应用面广，可用于有色金属、黑色金属、塑料、陶瓷及玻璃等多种材料的表面检测，而且基本上不受工件形状和尺寸的限制。

（3）显示不受缺陷方向的限制，一次检测可同时探测不同方向的表面缺陷。

（4）检测用设备简单、成本低廉、使用方便。

（5）主要用于检测开口的表面缺陷，工序较大，探伤灵敏度受人为因素的影响较大。

二、渗透检测方法分类及选用

1. 渗透检测方法分类

根据渗透剂和显像剂种类不同，渗透检测方法可按表 2-4-1 进行分类。

表 2-4-1　渗透检测方法分类

渗透剂		渗透剂的去除		显像剂	
分类	名称	方法	名称	分类	名称
Ⅰ Ⅱ Ⅲ	荧光渗透检测 着色渗透检测 荧光、着色渗透检测	A B C D	水洗型渗透检测 亲油型后乳化渗透检测 溶剂去除型渗透检测 亲水型后乳化渗透检测	a b c d e	干粉显像剂 水溶解显像剂 水悬浮显像剂 溶剂悬浮显像剂 自显像

注：渗透检测方法代号示例：ⅡC—d 为溶剂去除型着色渗透检测（溶剂悬浮显像剂）。

2. 渗透检测方法选用

渗透检测方法的选用，首先应满足检测缺陷类型和灵敏度的要求。在此基础上，可根据被检工件表面粗糙度、检测批量大小和检测现场的水源、电源等条件来决定。

（1）对于表面光洁且检测灵敏度要求高的工件，宜采用后乳化型着色法或后乳化型荧光法，也可采用溶剂去除型荧光法。

（2）对于表面粗糙且检测灵敏度要求低的工件宜采用水洗型着色法或水洗型荧光法。

（3）对现场无水源、电源的检测宜采用溶剂去除型着色法。

（4）对于批量大的工件检测，宜采用水洗型着色法或水洗型荧光法。

（5）对于大工件的局部检测，宜采用溶剂去除型着色法或溶剂去除型荧光法。

（6）荧光法比着色法有较高的检测灵敏度。

三、渗透检测仪器、试块和试剂

1. 便携式设备及压力喷罐

便携设备多用于现场检测。检测设备放于一个箱子中，里面装有渗透剂、去除剂、显像剂喷灌，以及清理擦拭工件用的金属刷、毛刷等。以下为压力喷灌结构、特点及原理。

（1）结构：盛装容器，喷射机构。

（2）工作原理：通常管内的气雾剂在装入时都是液态，在常温下气化，形成高压。使用时压下头部阀门，使罐内渗透探伤液成雾状喷出。典型结构见图2-4-3。

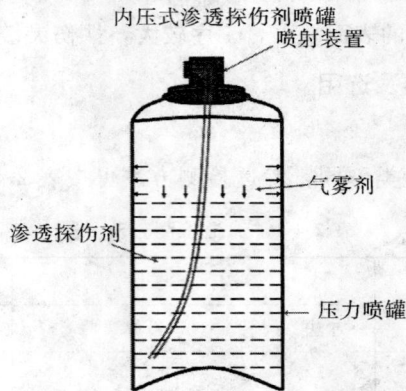

图2-4-3　便携式压力喷灌结构

（3）特点：

①体积小，携带方便。适用于现场检测。

②在环境温度40℃左右时可产生0.29～0.49MPa的压力，易燃易爆。

③溶剂悬浮湿式显像剂或水悬浮湿式显像剂喷罐内还装有玻璃弹子，起搅拌作用。

（4）操作要点：

①喷嘴与被检工件表面距离 300～400mm；

②喷洒方向与被检面夹角 30°～40°。

2. 固定式设备

工作场地相对固定的，工件数量较多，要求布置流水线作业时，一般采用固定式检测装置，基本上采用水洗型或后乳化型液体渗透检测方法。主要装置有：预清洗装置、渗透剂施加装置、乳化剂施加装置、水洗装置、干燥装置、显像剂施加装置、后清洗装置。

（1）预清洗装置

预清洗装置主要有溶剂清洗槽（三氯乙烯蒸汽除油槽见图 2-4-4）、机械清洗机（超声波清洗机）、化学清洗槽（酸碱腐蚀槽）、洗涤剂清洗槽和冲洗喷枪等。

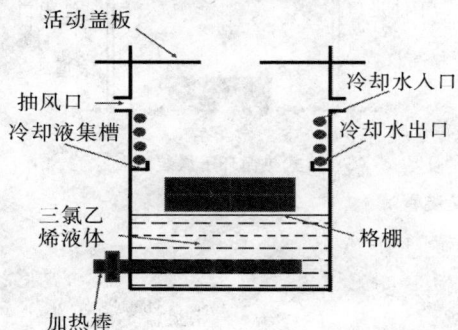

图 2-4-4 三氯乙烯蒸汽除油槽

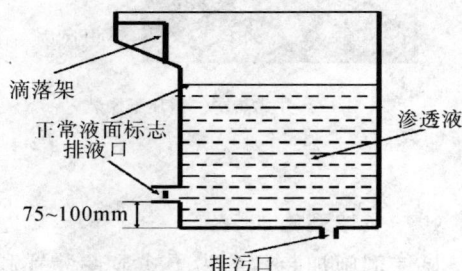

图 2-4-5 渗透剂槽和滴落架

（2）渗透剂施加装置，结构如图 2-4-5 所示。

（3）乳化剂施加装置（与渗透液施加装置相似）。

（4）水洗装置（见图 2-4-6）

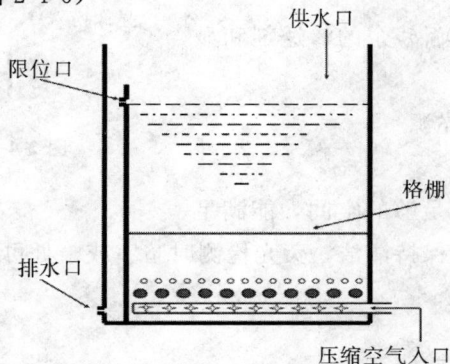

图 2-4-6 空气搅拌水槽

对水压、水流量和水温的条件结构是保证工件清洗效果好坏的重要部件，装置上水压表、流量计和水温表的精度应定期检查，发现有损坏应及时更换或修复，水压、水流量和水温的条件范围如下：

水压：0.15～0.29MPa；水流量：12～25L/min 范围内可调；水温：20～45℃范围内可调。

（5）干燥装置

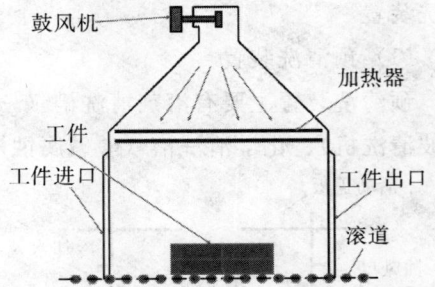

常用的有井式热空气循环干燥装置、罩式热循环干燥装置，见图2-4-7。干燥温度控制在65～80℃之间。

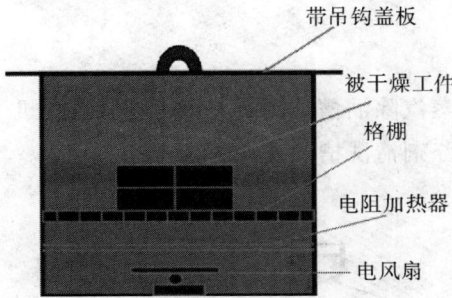

（a）井式热空气循环干燥装置　（b）罩式热循环干燥装置

图 2-4-7　干燥装置

（6）显像剂施加装置

显像剂施加装置分为干式显像装置和湿式显像装置。干式显像剂施加装置要放在干燥装置之后；干式显像装置见图 2-4-8 所示；湿式显像：显像剂施加装置直接放在干燥装置之前，湿式显像槽与渗透液槽相似。

（7）后清洗装置

用于清洗检测工件表面残余的渗透剂和显像剂。

图 2-4-8　干式显像装置

3．渗透检测场地及光源

（1）检测场地

暗室或检测现场应有足够的空间，能满足检测的要求，检测现场应保持清洁，荧光检测时暗室或暗处可见光照度应不大于20lx。

（2）检测光源

①白光灯

着色检测用日光灯或白光照明，光照度不应低于500lx，在没有照度计测量的情况

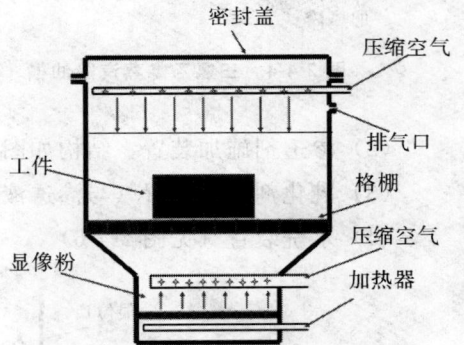

下，可用 80W 的日光灯在 1m 远处的光照度（即 500lx）作为参考。

②黑光灯（俗称紫外线灯）

黑光灯的紫外线波长应在 320～400nm 的范围内，峰值波长为 365nm，距黑光灯滤光片 38cm 的工件表面的辐照度大于或等于 $1000\mu\mathrm{W/cm^2}$，自显像时距黑光灯滤光片 15cm 的工件表面的辐照度大于或等于 $3000\mu\mathrm{W/cm^2}$。黑光灯的电源电压波动大于 10% 时应安装电源稳压器。

（3）测量设备

①黑光辐照度计。黑光辐照度计用于测量黑光辐照度，其紫外线波长应在 320～400nm 的范围内，峰值波长为 365nm。

②荧光亮度计。荧光亮度计用于测量渗透剂的荧光亮度，其波长应在 430～600nm 的范围内，峰值波长为 500～520nm。

③照度计。照度计用于测量白光照度。

4. 渗透检测试块

渗透检测灵敏度试块是指带有人工缺陷或自然缺陷的试件，用于比较、衡量、确定渗透检测材料和渗透检测灵敏度等，目的是在相同条件下检测渗透检测材料的性能及显示缺陷痕迹的能力。常用渗透检测灵敏度试块有镀铬试块和铝合金试块，这两种试块都有人工缺陷。

常用的渗透检测灵敏度试块如图 2-4-9 所示。根据试块的材料和制造工艺的不同，划分为 A、B 和 C 三种类型，其主要参数和用途见表 2-4-2。

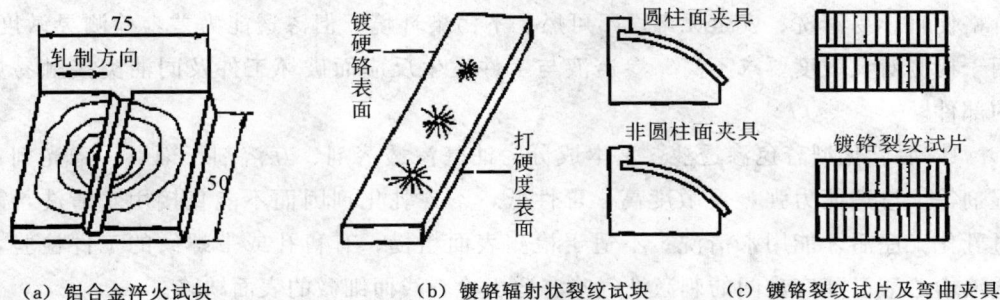

（a）铝合金淬火试块　　　　（b）镀铬辐射状裂纹试块　　　（c）镀铬裂纹试片及弯曲夹具

图 2-4-9　常用的渗透检测灵敏度试块

表 2-4-2　常用渗透灵敏度试块主要参数与用途

试块名称	型号	试块材料	试块尺寸/mm	缺陷形式	主要用途
铝合金淬火试块	A	铝合金	50×75 厚度 8～10	淬火裂纹	灵敏度对比，综合性能比较

续表

试块名称	型号	试块材料	试块尺寸/mm	缺陷形式	主要用途
不锈钢镀铬辐射状裂纹试块	B	1Cr18Ni9Ti 单面镀铬	130×25×4 镀层厚度 0.025	压制裂纹	校正操作方法和工艺系统灵敏度
黄铜板镀铬裂纹试块	C	黄铜镀铬	100×70×4 镀层厚度 0.02～0.05	弯曲裂纹	鉴别渗透剂性能和确定灵敏度等级

试块使用注意事项：着色渗透检测用的试块不能用于荧光渗透检测，反之亦然；发现试块有阻塞或灵敏度有所下降时，必须及时修复或更换；试块使用后要用丙酮进行彻底清洗。清洗后，再将试块放人装有丙酮和无水酒精的混合液体（体积混合比为1∶1）的密闭容器中保存，或用其他有效方法保存。

5. 渗透检测试剂

渗透检测试剂主要有渗透液、显像液和去除液三大类组成。

（1）渗透液

①分类及组成

着色渗透液 { 水基型 后乳化型 溶剂去除型

荧光渗透液 { 水洗型 后乳化型 溶剂去除型

A. 水基型着色渗透液：以水作为渗透溶剂，在水中溶解染料，可直接用水清洗。价格便宜、易清洗、安全无毒、不可燃、不污染环境；但渗透能力差，检测灵敏度低，用于检测对灵敏度要求不高、渗透液与工件发生反应而破坏工件及同油类接触易爆炸的部件。

B. 后乳化型着色渗透液：基本成分为油基渗透溶剂、互溶剂、染料、增光剂、润湿剂等。渗透能力强，灵敏度高，毒性低，不含乳化剂因而不能直接用水清洗，需经过乳化工序后才能用水清洗。不适于检测表面粗糙、有盲孔或带螺纹的工件检验，渗透液中乙酸己酯有难闻的刺激性气味。适于检查浅而细微的表面缺陷。

C. 溶剂去除型着色渗透液：基本成分是红色染料、油性溶剂、互溶剂润湿剂等。着色渗透能力强，用丙酮等有机溶剂直接清洗，灵敏度较高。常装在喷灌中，与清洗剂、显像剂配套出售。适于大型工件的局部检测和无电无水的野外作业，但检查成本高，效率低，有毒性。

D. 水基型荧光渗透液：基本成分是荧光染料和水，特点及适用范围与水基型着色渗透液基本相同，但灵敏度高。

E. 后乳化型荧光渗透液：基本成分为荧光染料、油性溶剂、渗透溶剂、互溶剂、润湿剂等。缺陷中的渗透液不易清洗，所含溶剂的比例比自乳化型荧光渗透液高，目的在于溶解更多的染料。密度比水小，抗水污染能力强，不受酸或碱的影响。检测灵敏度高，特别适于检测浅而细微的表面缺陷，适用于要求较高的工件检测，同样要求工件表面光洁、无盲孔和螺纹等。

F. 溶剂去除型荧光渗透液：基本成分为荧光染料、油性溶剂、渗透剂、增光剂等。直接用有机溶剂清洗，灵敏度较高，可用于无水的地方检验。

②渗透液性能要求

A. 润湿性能好；

B. 渗透能力强，渗透速度快；

C. 色泽好，对比度高；

D. 化学稳定性好；

E. 闪点燃点高，安全性好；

F. 不易挥发，容易清除；

G. 对工件无腐蚀，对人体无害，价格合理。

③渗透液的选择原则

A. 灵敏度满足探伤要求；

B. 渗透液对被检工件无腐蚀；

C. 价格低，毒性小，易清洗；

D. 化学稳定性好，能长期使用；

E. 使用安全，不易着火。

（2）显相剂（显像液）

显相剂的作用是将缺陷内的渗透液吸附出来，形成清晰的缺陷图像，显示缺陷。

①分类及组成

根据显像液的使用方式不同将其分为干式、湿式和速干式显像液三种。

A. 干式显像液只含有吸附剂，是一种白色的显像粉末，常与荧光渗透液配合使用。

B. 速干式显像液由吸附剂、悬浮剂、限制剂等组成，要求悬浮剂挥发性好，以缩短显像时间。

C. 湿式显像剂由吸附剂、悬浮剂、限制剂、润湿剂、防锈剂等组成。清洗方便，不可燃，使用安全，成本低，灵敏度比干式高。

此外，还有塑料薄膜显像液和化学反应显像液。

②性能要求

A. 能被渗透液润湿，悬浮性强，分散性好，能均匀地覆盖在工件表面；

B. 粒度细小，吸附力强，显像膜不易剥落，能形成细小的毛细管；

C. 能与缺陷处吸出的渗透液形成较大的对比度；

D. 化学稳定性好，挥发性强，对工件无腐蚀，对人体无害；

E. 成本低，易清洗。

（3）去除剂

用来去除被检工件表面多余渗透液组成的溶剂。

①分类及组成

A. 水洗型去除剂主要是水。

B. 后乳化型去除剂主要为乳化剂和水，乳化剂以表面活性剂为主，并附加有调整黏度等的溶剂。

C. 溶剂去除型去除剂主要是有机溶剂。

②性能要求

乳化剂应易于去除渗透剂，黏度适中，有良好的洗涤作用，外观易与渗透剂区分，性能稳定，无腐蚀，闪点高，无毒，对渗透剂溶解度大，有一定的挥发性和表面湿润性，不干扰渗透剂功能。

四、渗透检测操作方法

渗透检测的一般工艺过程包括工件表面准备及预清理、渗透、乳化、清洗、干燥、显像、观察、后处理、记录与报告。

1. 工件表面准备及预清理

工件被检表面不得有影响渗透检测的铁锈、氧化皮、焊接飞溅、铁屑、毛刺以及各种防护层。被检工件机加工表面粗糙度 Ra≤12.5μm；被检工件非机加工表面的粗糙度可适当放宽，但不得影响检验结果。

预清洗检测部位的表面状况在很大程度上影响着渗透检测的检测质量。因此在进行表面清理之后，应进行预清洗，以去除检测表面的污垢。清洗时，可采用溶剂、洗涤剂等进行。清洗范围应从检测部位四周向外扩展25mm。铝、镁、钛合金和奥氏体钢制零件经机械加工的表面，如确有需要，可先进行酸洗或碱洗，然后再进行渗透检测。清洗后，检测面上遗留的溶剂和水分等必须干燥，且应保证在施加渗透剂前不被污染。

2. 施加渗透剂

（1）渗透剂施加方法

施加方法应根据零件大小、形状、数量和检测部位来选择。所选方法应保证被检部位完全被渗透剂覆盖，并在整个渗透时间内保持润湿状态。具体施加方法如下：

①喷涂：可用静电喷涂装置、喷罐及低压泵等进行；

②刷涂：可用刷子、棉纱或布等进行；

③浇涂：将渗透剂直接浇在工件被检面上；

④浸涂：把整个工件浸泡在渗透剂中。

（2）渗透时间及温度

在 10～50℃的温度条件下，渗透剂持续时间一般不应少于 10min。

3. 乳化处理

（1）乳化准备工作

在进行乳化处理前，对被检工件表面所附着的残余渗透剂应尽可能去除。使用亲水型乳化剂时，先用水喷法直接排除大部分多余的渗透剂，再施加乳化剂，待被检工件表面多余的渗透剂充分乳化，然后再用水清洗。使用亲油型乳化剂时，乳化剂不能在工件上搅动，乳化结束后，应立即浸入水中或用水喷洗方法停止乳化，再用水喷洗。

（2）乳化剂施加方法

乳化剂可采用浸渍、浇涂和喷洒（亲水型）等方法施加于工件被检表面，不允许采用刷涂法。对过渡的背景可通过补充乳化的办法予以去除，经过补充乳化后仍未达到一个满意的背景时，应将工件按工艺要求重新处理。出现明显的过清洗时要求将工件清洗并重新处理。

（3）乳化时间

乳化时间取决于乳化剂和渗透剂的性能及被检工件表面粗糙度。一般应按生产厂的使用说明书和对比试验选取。

4. 清洗

在清洗工件被检表面以去除多余的渗透剂时，应注意防止过度去除而使检测质量下降，同时也应注意防止去除不足而造成对缺陷显示识别困难。用荧光渗透剂时，可在紫外灯照射下边观察边去除。

水洗型和后乳化型渗透剂（乳化后）均可用水去除。冲洗时，水射束与被检面的夹角以 30°为宜，水温为 10～40℃，如无特殊规定，冲洗装置喷嘴处的水压应不超过 0.34MPa。在无冲洗装置时，可采用干净不脱毛的抹布蘸水依次擦洗。

溶剂去除型渗透剂用清洗剂去除。除特别难清洗的地方外，一般应先用干燥、洁净不脱毛的布依次擦拭，直至大部分多余渗透剂被去除后，再用蘸有清洗剂的干净不脱毛布或纸进行擦拭，直至将被检面上多余的渗透剂全部擦净。但应注意，不得往复擦拭，不得用清洗剂直接在被检面上冲洗。

5. 干燥处理

施加干式显像剂、溶剂悬浮显像剂时，检测面应在施加前进行干燥，施加水湿式显像剂（水溶解、水悬浮显像剂）时，检测面应在施加后进行干燥处理。采用自显像应在水清洗后进行干燥。一般可用热风进行干燥或进行自然干燥。干燥时，被检面的温度不得大于 50℃。当采用溶剂去除多余渗透剂时，应在室温下自然干燥。干燥时间通常为 5～10min。

6. 施加显像剂

使用干式显像剂时，须先经干燥处理，再用适当方法将显像剂均匀地喷洒在整个被检表面上，并保持一段时间。多余的显像剂通过轻敲或轻气流清除方式去除。

使用水湿式显像剂时，在被检面经过清洗处理后，可直接将显像剂喷洒或涂刷到被检面上或将工件浸入到显像剂中，然后再迅速排除多余显像剂，并进行干燥处理。

使用溶剂悬浮显像剂时，在被检面经干燥处理后，将显像剂喷洒或刷涂到被检面上，然后进行自然干燥或用暖风（30～50℃）吹干。

采用自显像时，停留时间最短 10min，最长 2h。

悬浮式显像剂在使用前应充分搅拌均匀。显像剂的施加应薄而均匀，不可在同一地点反复多次施加。

喷涂显像剂时，喷嘴离被检面距离为 300～400mm，喷涂方向与被检面夹角为30°～40°。

禁止在被检面上倾倒湿式显像剂，以免冲洗掉渗入缺陷内的渗透剂。

显像时间取决于显像剂种类、需要检测的缺陷大小以及被检工件温度等，一般不应少于 7min。

7. 观察

观察显示应在显像剂施加后 7～60min 内进行。如显示的大小不发生变化，也可超过上述时间。对于溶剂悬浮显像剂应遵照说明书的要求或试验结果进行观察。

着色渗透检测时，缺陷显示的评定应在白光下进行，通常工件被检面处白光照度应大于或等于 1000lx；当现场采用便携式设备检测，由于条件所限无法满足时，可见光照度可以适当降低，但不得低于 500lx。

荧光渗透检测时，缺陷显示的评定应在暗室或暗处进行，暗室或暗处白光照度应不大于 20lx。检测人员进入暗区，至少经过 3min 的黑暗适应后，才能进行荧光渗透检测。检测人员不能戴对检测有影响的眼镜。

辨认细小显示时可用 5～10 倍放大镜进行观察。必要时应重新进行处理和渗透检测。

8. 后处理

工件检测完毕应进行后清洗，以去除对以后使用或对工件材料有害的残留物。

9. 记录与报告

缺陷的显示记录可采用照相、录像和可剥性塑料薄膜等方式记录，同时应用草图进行标示。内容包括被检工件情况、检验方法与条件、检测结果、探伤人员及日期等。

四、渗透检测缺陷显示的分类、分级

1. 缺陷显示的分类

显示分为相关显示、非相关显示和虚假显示。非相关显示和虚假显示不必记录和评定；小于 0.5mm 的显示不计，除确认显示是由外界因素或操作不当造成的之外，其他任何显示均应作为缺陷处理。缺陷显示在长轴方向与工件（轴类或管类）轴线或母线的夹角大于或等于 30°时，按横向缺陷处理，其他按纵向缺陷处理；长度与宽度之比大于 3 的缺陷显示，按线性缺陷处理；长度与宽度之比小于或等于 3 的缺陷显示，按圆形缺陷处理；两条或两条以上缺陷线性显示在同一条直线上且间距不大于 2mm 时，按一条缺陷显示处理，其长度为两条缺陷显示之和加间距。各种常见焊接缺陷痕迹的特征见表 2-4-3。

表 2-4-3 各种焊接缺陷痕迹的特征

缺陷种类		显示痕迹的特征
焊接气孔		显示呈圆形、椭圆形或长圆形，显示比较均匀，边缘减淡
焊缝与热影响区裂纹	热裂纹	一般显示出带曲折的波浪状或锯齿状的细条纹
	冷裂纹	一般显示出较直的细条纹
	弧坑裂纹	显示出星状或锯齿状条纹
	应力腐蚀裂纹	一般在热影响区或横贯焊缝部位，显示出直而长的较粗条纹
未焊透		呈一条连续或断续直线条纹
未熔合		呈直线状或椭圆形条纹
夹渣		缺陷显示不规则，形状多样且深浅不一

2. 缺陷的分级

对确认为缺陷的显示，均应进行定位、定量及定性等评定，然后再根据引用的标准或技术文件，评定质量等级，做出合格与否的判定。评定缺陷时，应严格按照相关标准或技术文件的要求进行。在定量评定时，要特别注意缺陷的显示尺寸和实际尺寸的区别。对明显超出质量验收标准的缺陷，可立即做出不合格的结论。对于那些缺陷尺寸接近质量验收标准的，需在白光下借助放大镜观察，测出缺陷的尺寸和定出缺陷的性质后，才能做出结论。超出质量验收标准而又允许打磨或补焊的工件，应在打磨后再次进行渗透检测，确认缺陷被打磨干净后，方可验收或补焊。

不同的技术标准对分级的划分不同，根据 JB/T 4730—2005 标准，缺陷质量分级如下。

（1）焊接接头和坡口的质量分级按表 2-4-4 进行。

表 2-4-4 焊接接头和坡口的质量分级

等级	线性缺陷	圆形缺陷（评定框尺寸 35mm×100mm）
Ⅰ	不允许	d≤1.5，且在评定框内少于或等于 1 个
Ⅱ	不允许	d≤4.5，且在评定框内少于或等于 4 个
Ⅲ	L≤4	d≤8，且在评定框内少于或等于 6 个
Ⅳ		大于Ⅲ级

注：L 为线性缺陷长度，mm；d 为圆形缺陷在任何方向上的最大尺寸，mm。

（2）其他部件的质量分级评定见表 2-4-5。

表 2-4-5　其他部件的质量分级

等级	线性缺陷	圆形缺陷 （评定框尺寸为 2500mm²，其中一条矩形边的最大长度为 150mm）
I	不允许	d≤1.5，且在评定框内少于或等于 1 个
II	L≤4	d≤4.5，且在评定框内少于或等于 4 个
III	L≤8	d≤8，且在评定框内少于或等于 6 个
IV		大于 III 级

注：L 为线性缺陷长度，mm；d 为圆形缺陷在任何方向上的最大尺寸，mm。

任务实施

一、检测前准备

1. 检测材料准备

产品材质为不锈钢 1Cr18Ni9Ti，此容器为 III 类容器，检测灵敏度要求较高，检测现场为露天，且工件大，荧光法不便实施，因此选择溶剂去除型着色法进行检测，渗透材料选择 DPT－5 型渗透剂、显像液、清洗剂。见图 2-4-10。

图 2-4-10　DPT－5 型渗透剂

2. 检测前后用 B 型试块对渗透检测剂系统灵敏度及操作工艺进行检验（也可与焊缝检测同步进行）。

3. 其他检测器材准备

钢直尺、照明灯、胶带或照相机。

二、检测操作步骤

1. 检测工件表面准备：用不锈钢丝刷打磨焊缝及焊缝两侧各 25mm 范围内的检测区，将检测表面的焊渣、飞溅清理干净。

2. 检测区清洗：检测部位的表面状况在很大程度上影响着渗透检测的检测质量。因此在进行表面清理之后，应进行预清洗，以去除检测表面的污垢。清洗方法选择清洗剂清洗法。清洗后，检测面上遗留的溶剂和水分等必须干燥，且应保证在施加渗透剂前不被污染。

3. 渗透剂施加：采用喷涂方法施加渗透剂。保证被检部位完全被渗透剂覆盖，并在整个渗透时间内保持润湿状态，渗透时间应不少于 10min。

4. 去除多余渗透剂：先用干净不脱布依次擦拭，直到大部分多余渗透剂被清除后，再用醮有清洗剂的干净不脱毛的布进行擦拭，直到将被检表面上多余的渗透剂全部擦净。注意：不得往复擦拭，要避免过清洗或清洗不足。

5. 表面干燥：采用自然干燥法，干燥时间 5min。

6. 显像：采用喷涂法施加显像剂，使显像剂薄而均匀地洒在被检表面上，喷嘴距受检表面 300～400mm，喷涂方向与受检表面夹角 30°～40°，使用前应将喷罐摇动使显像剂均匀。自然干燥，显像时间≥7min。

7. 检验：显像剂施加后 7～60min 内进行观察，可用 5～10 倍放大镜观察，工件被检面处白光照度应≥1000lx，最小不低于 500lx，记录缺陷尺寸形状位置。

8. 复检：当出现下列情况之一时，需进行复检：

（1）检测结束时，用试块验证检测灵敏度不符合要求；

（2）发现检测过程中操作方法有误或技术条件改变时；

（3）合同各方有争议或认为有必要时。

9. 后处理：用水冲洗和用布擦洗去除工件表面显像剂。

三、检测结果评定

根据标准对显示进行评定，根据显示的形状判断缺陷的性质，测量缺陷的长度，本工件要求质量达到Ⅰ级，通过测量缺陷长度与宽度之比≤1.5mm。根据 JB/T4730.5－2005，本焊件渗透检测为Ⅰ级合格。

四、填写渗透检测结果报告

探伤报告样式见表 2-4-6。

表 2-4-6　渗透检测报告

产品编号：

<table>
<tr><td rowspan="3">工件</td><td>部件名称</td><td></td><td>材料牌号</td><td>06Cr19Ni10/Q235B</td></tr>
<tr><td>部件编号</td><td></td><td>表面状态</td><td>合格</td></tr>
<tr><td>检测部位</td><td>焊缝</td><td></td><td></td></tr>
<tr><td rowspan="7">器材及参数</td><td>渗透剂种类</td><td>着色渗透剂</td><td>检测方法</td><td>HC－d</td></tr>
<tr><td>渗透剂</td><td>DPT－5</td><td>乳化剂</td><td></td></tr>
<tr><td>清洗剂</td><td>DPT－5</td><td>显像剂</td><td>DPT－5</td></tr>
<tr><td>渗透剂施加方法</td><td>喷</td><td>渗透时间</td><td>10min</td></tr>
<tr><td>乳化剂施加方法</td><td>浸</td><td>乳化时间</td><td>2～3min</td></tr>
<tr><td>显像剂施加方法</td><td>喷</td><td>显像时间</td><td>7min</td></tr>
<tr><td>工件温度</td><td>18℃</td><td>对比试块类型</td><td>□铝合金□镀铬</td></tr>
<tr><td rowspan="2">技术要求</td><td>检测比例</td><td>100%</td><td>合格级别</td><td>Ⅰ级</td></tr>
<tr><td>检测标准</td><td>JB/T4730.5－2005</td><td>检测工艺编号</td><td></td></tr>
</table>

检测部位缺陷情况	序号	焊缝（工件）部位编号	缺陷编号	缺陷类型	缺陷痕迹尺寸	缺陷处理方式及结果			
						打磨后复检缺陷		补焊后复检缺陷	
						性质	痕迹尺寸 mm	性质	痕迹尺寸 mm
	1	C3		无					
	2	C11		无					

检测结论：

1. 本产品符合 JB/T1730.5－2005 标准的要求，评定为合格。

2. 检验部位及缺陷位置详见检测部位示意图（另附）。

报告人（资格） 　年　月　日	审核人（资格） 　年　月　日	无损检测专用章 　年　月　日

任务评价

任务评价见表2-4-7。

表 2-4-7　任务评价表

班级		姓名		日期	
序号	评价要点	评分标准		配分	得分
1	评定标准查询	能查阅相关标准		10	
2	检测前准备	正确选择检测设备、材料、工具		20	
3	检测基本操作	能进行焊缝检测		30	
4	缺陷的评定	根据检测结果，正确评定缺陷等级		20	
5	焊缝质量评定	根据标准进行焊缝质量评定		10	
6	安全文明生产	穿戴劳动防护用品等		10	
总分合计				100	

【思考与练习】

1. 渗透检测的基本原理是什么？

2. 渗透检测的方法有哪些？如何选择？

3. 渗透检测缺陷如何评定？

模块三

泄漏检测和压力试验

随着现代工业和科学技术的发展，化工、冶金、电子、航天及低温、高真空领域等，对产品、设备的密封性及致密性的要求越来越高，这些产品及设备的制造质量直接关系到生产设备的安全运行，因此，对产品或设备在制造过程中的密封性和致密性试验，显得尤为重要。本模块主要学习泄漏检测和压力试验。

任务 1　泄漏检测

学习目标

1. 了解泄漏检测的基本方法。
2. 能用气泡法进行气密性试验。
3. 能用煤油试验法进行气密性试验。

任务描述

某企业生产如图 3-1-1 所示的汽车油箱盖板，材质为 Q235A，管子厚度为 2mm，盖板厚度为 3mm，采用 CO_2 气体保护焊施焊，焊接质量要求较高，焊后需进行煤油试验，以检测焊缝是否有泄漏现象，请检验班组的同学学习相关知识后，对该产品进行检测，并填写质量检测报告。

图 3-1-1　油箱盖板

任务分析

该产品为油箱盖板，在使用过程中，是严禁泄漏的，而产品本身所使用的材质都较薄，焊接质量较难保证，因此在生产过程中，需要对每件产品进行检测，检测量较大。煤油试验具有操作简单、方便，检验质量有保障等特点，因此本任务采用煤油进行检测，检测时，先学习相关知识，了解操作工艺及方法，然后对产品进行检测，最后评定焊缝质量是否合格。

相关知识

一、泄漏检测概念

泄漏检测就是用一定的手段将示漏物质加到被检设备或密封装置器壁的一侧，用仪器或某一方法在另一侧怀疑有泄漏的地方检测通过漏孔漏出的示漏物质，从而达到检测的目的。检漏的任务就是在制造、安装、调试过程中，判断漏与不漏、泄漏率的大小，找出漏孔的位置；在运转使用过程中监视系统可能发生的泄漏及其变化。

二、泄漏检测的必要性

1. 减少不合格造成的成本浪费，提高效率。
2. 增强产品的耐用性和使用寿命。
3. 提高客户满意度。
4. 环境保护。
5. 帮助监控生产过程。

三、泄漏检测的方法分类及应用范围

泄漏检测的方法和仪器很多，根据所使用的设备可分为氦质谱检漏法、卤素检漏法、真空计检漏法等；按照所采用的检漏方法所能检测出泄漏的大小又可分为定量检

漏方法和定性检漏方法；根据被检设备所处的状态又可分为压力检漏法和真空检漏法。下面简单介绍几种常用的泄漏检测方法。

1. 气密性试验

气密性试验是通过将系统或单个密封设备充气到指定的压力，然后检测相关连接部位的致密性的试验。常见的气密性试验方法有气泡法、听音法、火焰飘动法等。

（1）气泡法：在被检件内充入一定压力的示漏气体后放入液体中，气体通过漏孔进入周围的液体形成气泡，气泡形成的地方就是漏孔存在的位置，根据气泡形成的速率、气泡的大小以及所用气体和液体的物理性质，可以计算出漏孔的泄漏率。气泡检漏法适用于允许承受正压的容器、管道、零部件、密封元件等的气密性检验。图 3-1-1 所示为气泡检测示意图。

气泡法检测泄漏注意事项：

①首先要弄清楚被检件能否承受正压，能承受多大压力等问题，以便决定是否可以采用打气试漏法以及充入多大压力的气体。

②检漏前要细致、认真地清洗焊缝，清除焊渣、油污和粉尘。

③检漏场地的光线要充足，水槽内的背景要暗，水要清洁透明，水面上不要有汽雾。

④被检件一定要先充气，然后放入水中，否则小孔可能被水堵塞，放入水中之前先用听音法检查有无大漏，排除大漏后再放入水中，否则将会影响小漏孔的检测。

⑤发现漏孔要及时做上标记。有大漏孔时，要修补后再进行小漏孔的检查。

（2）听音法：气体从小孔中喷出时，会发出声音。声音的大小和频率取决于泄漏率的大小、两侧的压力、压差和气体的种类等。根据气体漏出时发出的声音判断有无泄漏。

该方法的灵敏度很大程度上受环境的影响。若检测现场噪音较大，则小的声音就不易听清。使用听诊器，某种程度上可以消除周围噪音的影响，听清泄漏声音，但有时与泄漏无关的声音（例如电机的声音）也会混杂进来，从而影响检漏灵敏度。为了辨别较小的声音，可用话筒和放大器将声音放大。但此时其它声音也同时放大，多数情况下较难收到好的效果。在检测压力为 0.3MPa，周围非常安静的条件下，可以听出 $5\times10^{-2}cm^3/s$ 的泄漏率的声音。

这种方法简单、经济。使用听诊器，在某种程度上可以判断出泄漏点。如单凭耳朵听，往往因声波的反射或吸收，很难确定泄漏点，即发声地点。由于检测环境条件不同，所得到的结果可能偏差很大。因此，这种方法的稳定性和可靠性很差，应与其它检测法并用。

（3）皂泡法：对不太方便放到水槽内的管道、容器和密封连接进行检漏时，先在被检件内充入压力大于 0.1MPa 的气体，然后在怀疑有漏孔的地方涂抹肥皂液，形成肥皂泡的部位便是漏孔存在的部位。

在检漏时应注意肥皂液稀稠得当。太稀了易于流动和滴落而造成误检，太稠了透明度差容易漏检，并且所混入的气体也可能形成泡沫而造成误检。

2. 煤油试验

利用煤油对微小缝隙的渗透，使被涂敷在背面的白垩粉吸附出来并产生油斑来发现缺陷。煤油的渗透力很强，能够渗过极小的毛细孔。如果煤油喷涂浸润以后过 30 分钟，在涂白色焊缝的表面没有出现斑点，焊缝就符合要求。如果环境气温低于 0℃，则需在 24h 后不应出现斑点。冬天为了加快检查速度，允许用事先加热至 60～70℃ 的煤油来喷涂浸润焊缝。此时，在 1h 内不应出现斑点。

3. 氨渗透试验

（1）检测原理：把允许充压的被检容器或密封装置抽成真空（不抽真空也可以，其效果稍差），在器壁或密封元件外面怀疑有漏孔处贴上具有对氨敏感的 pH 指示剂的显影带，然后在容器内部充入高于 0.1MPa 的氨气，当有漏孔时，氨气通过漏孔逸出，使显影带改变颜色，由此可找出漏孔的位置，根据显影时间、变色区域大小可大致估计出漏孔的大小。

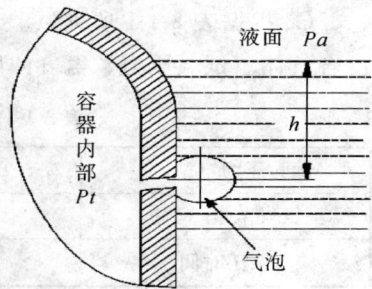

图 3-1-2　气泡检测示意图

（2）氨检漏试验的方法及操作程序：氨渗透试验的方法分为抽真空法和置换法。置换法就是采用其他的气体和氨气互换，以达到检测的目的。一般采用氮气作为置换氨气的气体，这是因为氮气为惰性气体，不与其他物质发生反应。如果只用氨气检测，则危险性较大。如图 3-1-2 为压力容器氨渗透试验示意图。具体操作程序如下。

①准备工作：按图 3-1-3 所示，准备好下列设备、配件、仪表和装卸工具：

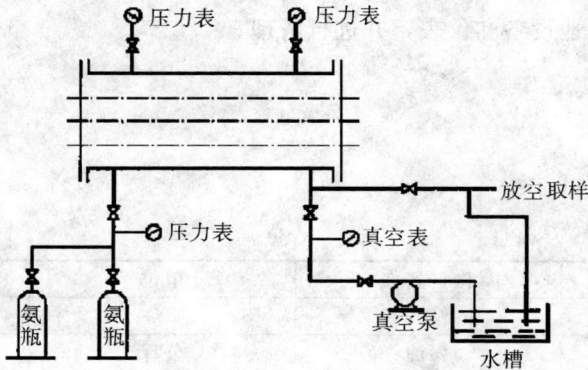

图 3-1-3　氨渗透试验

A. 液氨压力钢瓶和带阀门的管路。

B. 惰性气体（如氮气）压力钢瓶和带阀门的管路。

C. 三通管路、氨用压力表、带溢流入地沟管路的水箱、带阀门的排出管路、补充自来水的临时管路（如软管）、活动扳手等装卸工具、酚酞试纸或酚酞液试剂（也可用石蕊试纸）等。

②操作程序：

A. 用 3～5 倍充气空间容积的惰性气体（如氮气）置换充气空间里的空气，直至出口含氧量≤0.5％，以免形成氨气和空气的爆炸混合物，然后关闭管路排出阀门。

B. 启动真空泵抽真空至真空度 20KPa。

C. 根据表 3-1-1 所列试验压力、氨气浓度、保压时间的关系，冲入氨气和氮气的混合气体。试验压力、氨气浓度、保压时间的关系。

表 3-1-1　试验压力、氨气浓度、保压时间关系

试验压力（MPa）	0.15	0.3	0.6	1.0
氨气浓度（％）	30	20	15	10
保压时间	15	12	6	4

D. 将泄漏显示剂（或试纸）紧密涂敷在管板上，并始终保持湿润状态。

E. 关闭三通进气管路阀门。在试验压力下，保压时间按表 3-1-1 所示。保压开始后 0.5h、1h 各检查一次，以后每 2h 检查一次，观察试纸上有无红色斑点出现。

F. 泄漏试验完毕，慢慢地开启排出管路阀门进行排泄，避免因排出压力过大吹跑水箱中的水。工作前，水箱中应按要求注水。

G. 当压力降至"0"时，打开惰性气体管路阀门和三通进气管路阀门。用 3～5 倍充气空间容积的惰性气体（如氮气）进行置换。清除氨气后，关闭阀门。

H. 拆除试验用地设备和仪表，并进行清理。

任务实施

一、试验前准备

1. 材料准备

序号	材料名称	单位	数量
1	白粉乳液	KG	1
2	煤油	公斤	1
3	塑胶桶	个	1
4	毛刷	把	1
5	充电手电	把	1

6	口罩	个	1

2. 实验前的检查

（1）所有焊缝施焊完毕，外表焊缝检测无气孔、砂眼、裂纹等可视问题，如无这类明显问题，结果符合规范要求。

（2）所有焊接接头及其他相应需要检查的部分，应清除焊渣及飞溅，且工件尚未涂防腐漆。

二、检测操作步骤

在焊缝检查的一侧，把脏物和铁锈去掉，并涂上白粉乳液或白土乳液，等干燥后，在其另一侧的焊缝上至少喷涂两次煤油，每次要间隔10min。如果煤油喷涂浸润以后过12h，在涂白色焊缝的表面没有出现斑点，焊缝就符合要求；如果环境气温低于0℃，则需在24h后不应出现斑点。冬天为了加快检查速度，允许用事先加热至60～70℃的煤油来喷涂浸润焊缝。此时，在1h内不应出现斑点。

三、试验结果评定

通过仔细检查，在油箱盖板的另一侧是否出现斑点，本工件通过观察发现无任何斑点出现，因此检测为合格。

四、撰写试验报告

根据煤油试验原始记录，将试验所得原始数据进行整理，编制相关的试验报告，试验报告样式见表3-1-1。

表 3-1-2　煤油试验报告

产品名称	油箱盖板煤油试验			
检验日期	＊＊＊＊＊＊＊	依据	《钢制焊接常压容器》、JB/T4735—1997	
环境温度	25℃			
试验过程	焊缝清理干净后，在焊缝涂上白粉乳液。待干燥后再于焊缝的另一侧喷或涂以煤油2～3次，使表面得到足够的浸润。经24h后，白粉乳液上没有油迹斑点为合格。			
结论	通过仔细检查，在油箱盖板的另一侧是否出现斑点，本工件通过观察发现无任何斑点出现，因此检测为合格。			
监理单位	＊＊＊＊＊＊	建设单位	＊＊＊＊＊＊＊	监检单位	＊＊＊＊＊＊＊

任务评价

任务评价见表 3-1-3。

表 3-1-3　任务评价表

班级		姓名		日期	
序号	评价要点		评分标准	配分	得分
1	试验前准备		正确选择试验设备、材料、工具	10	
2	试验基本操作		能进行煤油试验	40	
3	试验结果评定		能进行试验结果评定	20	
4	撰写试验报告		能撰写水压试验报告	20	
5	安全文明生产		穿戴劳动防护用品等	10	
	总分合计			100	

【思考与练习】

1. 泄漏检测的方法分类有哪些？分别有什么特点？
2. 简述煤油试验过程。

任务 2　压力试验

学习目标

1. 了解压力试验常用的方法。
2. 能进行水压试验。
3. 能进行试验结果评定。
4. 能维护、保养工量具。

任务描述

某企业生产如图 3-2-1 所示的常压压力容器，规格 $\varnothing 500 \times 1000$ mm，壁厚 12mm，材质 Q235A，与之连接的法兰和管子材质为 20 钢。该容器的额定设计压力为 0.8MPa。为了检查焊接接头的致密性和该工件的强度、刚度，需按设计图样要求进行水压试验。请焊接检测班组对该容器进行水压试验，检测后出具检验报告单以确定产品是否符合质量要求。

学习任务

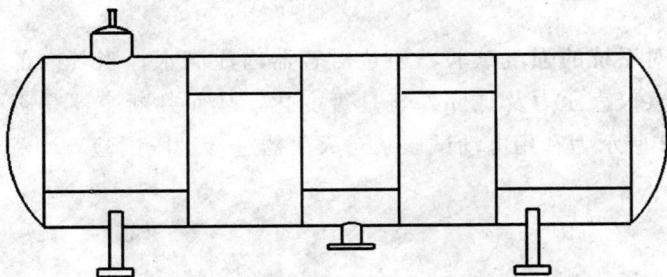

图 3-2-1 压力容器

任务分析

要完成对该容器的水压试验，首先应了解压力试验常用的方法、水压试验的原理及运用、水压试验安全注意事项、试验条件的选择、试验工艺；其次要掌握水压试验的基本程序和操作方法；最后能进行试验结果评定并养成良好的职业素养。

相关知识

一、压力试验的概念及目的

1. 压力试验概念

压力试验是将制造完毕的待检设备（工件）充入合适的液体或气体介质并将其密闭，通过加压设备检验待检设备（工件）是否具有设计压力下安全运行所必需的承压能力，其检验结果不仅是产品是否合格和等级划分的关键，也是保证其安全运行的重要依据。

2. 压力试验目的

压力试验的目的是检验压力容器承压部件的强度和严密性。在试验过程中，通过观察承压部件有无明显变形或破裂，来验证压力容器是否具有设计压力下安全运行所必需的承压能力。同时，通过观察焊缝、法兰等连接处有无渗漏，检验压力容器的严密性。

二、压力试验的方法

根据试验介质的不同，压力试验分为液压试验和气压试验两大类。由于压力试验的试验压力要比最高工作压力高，所以应该考虑到压力容器在压力试验时有破裂的可能性。由于相同体积、相同压力的气体爆炸时所释放出的能量要比液体大得多，为减轻锅炉、压力容器在耐压试验时破裂所造成的危害，通常情况下试验介质选用液体。

因为水的来源和使用都比较方便，又具有作耐压试验所需的各种性能，所以常用水作为耐压试验的介质，故液压试验也常称为水压试验。

1. 水压试验

水压试验是对系统的强度试验，通过对容器内注满水，当其内部压力升到一定高度并经稳压后观察仪表压力及试件外表是否变化，从而判断容器是否合格的一种检验方法。如图 3-2-2 所示为利用电动试压泵对灭火器进行水压试验。

图 3-2-2 灭火器水压试验

（1）水压试验设备及附件

①试压泵：是专供各类压力容器、管道、阀门、锅炉、钢瓶、消防器材等作水压试验和实验室中获得高压液体的检测设备。常见的试压泵有手动、电动试压泵，如图 3-2-3 所示。

（a）手动试压泵

（b）电动试压泵

图 3-2-3 试压泵

②高压皮管及其接头,如图 3-2-4 所示。

图 3-2-4 高压皮管及接头

(2) 水压试验准备工作及安全注意事项

①检查试压泵

在水压试验中主要设备是电动试压泵及其他器材(包括压力表、加压管、通用接头、扳手、手锤、温度计、水温测量仪等)。在使用电动试压泵时,应注意下列操作与维护事项:

A. 检查试压机润滑系统油位是否正常。

B. 水箱内加满洁净水,并注意随时补充,其温度应在 5～60℃,并略高于环境气温为宜。

C. 压力表的量程应为相关标准规定试验压力的 1.5～3 倍。

D. 运转前开启放水阀和截止阀,启动泵在常压下试运转,若无异常响声及阻滞现象,回水管排除水,进水管正常进水时,即可关闭放水阀,进行试压。

②安全注意事项

A. 试压泵电源应装有熔断器,接线时必须使电源可靠接地,确保安全。

B. 工作中发现泵或其他部位有明显渗漏现象时,应停机卸压进行检修。

C. 当泵的排出压力达到或接近试验压力时,应停机,再点动加压,保压时若泵有泄压现象,可关闭截止阀,使泵与被试系统关断。试压完毕后,及时松开截止阀。

D. 泵工作时,液控阀回水管压强在 1.6MPa 以下时,随压力升高回水量增大;超过 1.6MPa 时回水量减小,若压力升高后,回水量继续增加,应停机调整检修液控阀,使其工作正常。

E. 泵外表、减速箱和传动箱内的润滑油及水箱中的试压介质必须保持清洁,不允许有污物和其他杂物。

(3) 试压条件

根据锅炉压力容器水压试验相关标准规定,水压试验应满足以下条件:

①锅炉压力容器本体和受压元件的水压试验,应在无损检测和热处理后进行。

②水压试验必须在 5℃ 以上的环境温度下进行,在低于该温度时应有防冻措施。

③在水压试验平台上必须设温度计,以便于记录环境温度。

④水压试验一般采用洁净水或井水,当采用储水罐循环用水时,其用水必须保持

清洁。

⑤试件人孔、头孔、手孔的密封装置在试验完成后将随试件出厂，因此该密封装置必须采用该产品配件，不能使用替代件。

⑥水压试验场地、设备、工具及其要求：

A. 水压试验应有专用的试验场地。

B. 水压试验用加压泵应符合水压试验压力值、压力稳定性及操作方便等工艺要求。

C. 水压试验用加压管一般选用软性黄铜管或高压橡胶管，长度以 4m 左右为宜。

D. 水压试验用通用接头、扳手、锤子、温度计、水温测量仪等应满足水压试验有关量程、操作方便性等工艺要求，温度计、水温测量仪应经校验合格且在有效期内。

E. 水压试验应在光照充足的条件下进行。

（4）水压试验操作程序

①水压试验前的准备

A. 产品在进行水压试验之前，焊接工作必须全部结束，且焊缝的返修、焊后热处理、力学性能检验和无损探伤检验都必须合格。

B. 受压部件充水之前，必须清理干净药皮、焊渣等杂物。

C. 根据试验压力选择压力表的量程，并要求表盘直径不小于 100mm。压力表的量程应为试验压力的 2 倍左右，但应不低于 1.5 倍和不高于 4 倍的试验压力。压力表精度等级的选择见表 3-2-1。

表 3-2-1　压力表精度等级的选择

工作压力/MPa	精确度
<2.45	不低于 2.5 级
≥2.45	不低于 1.5 级

②水压试验的规范

A. 水压试验时水的温度应高于材料的脆性转变温度，但不能太高，以防汽化造成检验时渗漏难以发现。我国现行标准规定碳素钢、16MnR 和正火 15MnVR 钢制容器水压试验的水温不得低于 5℃，其他低合金钢不低于 15℃。一般情况下使用的水温为 5～60℃。

B. 试验压力见表 3-2-2。

表 3-2-2　压力容器试验压力

压力等级	耐压试验压力 P_T		气密试验压力
	水压	气压	
低压	1.25P	1.20P	1.05P
中压	1.25P	1.15P	1.05P
高压	1.25P		1.05P 或 1.25P
超高压	1.25P		1.00P

注：P_T 为试验压力；P 为设计压力。

C. 试验前，电动试压泵、压力表、加压管等各连接部件的紧固螺栓必须装配齐全，并将两个量程相同、经过校正的压力表装在试验装置上便于观察的地方。

D. 试验现场应有可靠的安全防护装置。

③水压试验操作程序

A. 向试件充水前，应把试件内部铁屑、杂物等清理干净，并用水冲洗内部。试件留出排气孔和进水孔各一个，其余孔分别用封板、法兰盖、胀塞封闭，并装妥人孔、头孔及手孔装置。

B. 将加压泵与试件连接妥当，各装设压力表一个。

C. 通过进水孔将水注入试件内，水充满后关闭排气孔。

D. 试验时，将锅炉、压力容器充满水后，用顶部的放气阀排净内部的气体。将空气排净后再密封加压。试验过程中应保持锅炉、压力容器（试件）表面的干燥，并注意观察。

E. 待锅炉、压力容器壁温与水温接近时，缓慢升压至设计压力；确认无泄漏后继续升压到规定的试验压力，焊接的锅炉应在试验压力下保持 5min；压力容器根据容积大小保压 10～30min。然后降至设计压力下保压进行检查，保压时间不少于 30min，以便对所有焊缝进行检查。如有渗漏，修补后重新试验。注意必须降压、排水、干燥后才能修补，不得在有压力和与水接触的情况下补焊。检查期间压力应保持不变，不得采用连续加压以维持试验压力不变的做法。不得带压紧固螺栓。

F. 对于夹套容器（如空分设备中的液氧储槽），应先进行内筒水压试验，合格后再焊夹套，然后进行夹套内的水压试验。

G. 漏水、渗水部位须做出标记，并做好记录。

H. 水压试验完毕后，应拆除所有管座上的封口元件，将水放尽。并用压缩空气将内部吹干。

I. 水压试验合格后，检验员应在试件上做好"水压合格"标记，并填写水压试验原始记录。

④水压试验的结果评定

A. 水压试验应根据锅炉压力容器的类别执行《压力容器安全技术监察规程》《热水锅炉安全技术监察规程》《蒸汽锅炉安全技术监察规程》相应的标准和设计图样的要求。

B. 压力容器水压试验后，符合下列条件则水压试验为合格：无渗漏；无可见的变形；试验过程中无异常的响声；对抗拉强度规定值下限大于等于 540MPa 的材料，表面经无损检测抽查未发现裂纹。

C. 锅炉水压试验后，符合下列条件则水压试验为合格：在受压元件金属壁和焊缝上没有水珠和水雾；锅炉换热器胀管胀口处，在降到工作压力后不滴水珠；水压试验后，无渗隔，无残余变形发生。

⑤水压试验安全操作要求

A. 试验人员应熟悉试件水压试验的条件和图样要求。

B. 试验人员应熟悉安全规程，确保人身、设备安全。

C. 经常检查加压泵、压力表及保险装置，发现故障应及时排除。

D. 试压过程中，操作人员不得少于 2 人，且有一人留在电源闸刀旁。

E. 试验压力大于 9.8MPa 时，应在水压试验场地的醒目位置立有警示牌。

F. 试压操作人员不得擅离岗位，试验过程中应随时观察试件有无异常变化。如发现异常响动、压力下降、加压装置发生故障不正常时，应立即停止试验并查明原因。水压试验时，试验场地内禁止无关人员在场。

G. 试验压力下，任何人不得靠近试件，待降到工作压力后，方可进行各项检查。

2. 气压试验

（1）气压试验适用范围

气体的体积压缩比大，气压试验时因缺陷扩展有可能引起爆炸危险。如果由于设备结构原因（如设备容积大）、支撑原因（如地基无法承受）不能向压力容器内充灌液体时或者有水渍存在不便清除而有可能参与介质反应发生爆炸时，以及运行条件不允许残留试验液体等因素的容器不能用液压试验时，才能采用气压试验。气压试验目的是检验压力容器的耐压强度和密封性，气压试验压力为设计压力的 1.15 倍。

（2）气压试验使用的介质

根据试件对介质的要求，试验所用气体应为干燥洁净的空气、氮气或其他惰性气体，对盛装介质要求较高或试件材料不适合空气作为试验介质时，应采用氮气或其他惰性气体。气压试验实际操作时一般采用空气作为试验介质，不需要在设备上安装安全附件。

（3）气压试验注意事项

由于气压试验危险性比液压试验高，因此对安全防护的要求也比液压试验高。气压试验试压环境必须安全可靠，要设有防爆墙及其他安全设施，除了要有必要的保护措施外，还要有试验单位的安全部门人员在现场进行监督。

（4）气压试验的要求

①《钢制压力容器》（GB150—1998）规定进行气压试验的容器，对其纵缝和环缝等焊接接头进行100％射线或超声检测。根据《压力容器安全技术监察规程》的要求，气压试验时，容器壳体的环向薄膜应力值不得超过试验温度下材料屈服点的80％与圆筒的焊接接头系数的乘积。

②碳素钢和低合金钢制压力容器的试验用气体温度不得低于15℃。其他材料制压力容器的试验用气体温度应符合设计图样规定。

（5）气压试验操作要点

制定合理的试压工艺规程，并使压力缓慢地上升。应先缓慢升压至规定试验压力的10％，保压5～10min，并对所有焊缝和连接部位进行初次检查。如无泄漏可继续升压到规定试验压力的50％。如无异常现象，之后按规定试验压力的10％逐级升压，直至升到试验压力，保压30min。然后，降到规定试验压力的80％，保压足够时间进行检查，检查期间压力应保持不变。不得采用连续加压来维持试验压力不变。气压试验过程中严禁带压紧固螺栓。检查中不允许做任何敲击，也不允许在带压条件下进行返修。

（6）气压试验的结果评定

气压试验应根据锅炉压力容器的类别执行《压力容器安全技术监察规程》《热水锅炉安全技术监察规程》《蒸汽锅炉安全技术监察规程》相应的标准和设计图样的要求，进行试验和结果评定。

气压试验为合格的评定指标：

①保压期间压力表稳定，压力容器无异常响声。

②经肥皂液或其他检漏液检查均未发现漏气。

③升压中，无可见的变形，降压后，容器没有肉眼可以观察到的残余变形。

④对设计中要求测量残余变形的容器，径向变形率不得大于0.03％。

任务实施

根据该试件的结构及材料特点，考虑到试验的成本及锅炉相关标准要求，决定选用水压试验来检验该试件是否合格。

一、试验前准备

1. 试验设备

本任务采用的水压试验设备为4D—SY型电动试压泵。

2. 辅助器材

（1）两块定期检验合格的压力表，压力表量程优先选用0～2.5MPa，压力表精度不低于2.5级。

（2）水压试验用加压管一般选用软性黄铜管或高压橡胶管，长度以4m左右为宜。

（3）经校验合格且在有效期内的两只温度计或水温测量仪，量程为0~50%为宜。

（4）水压试验用通用接头、扳手、锤子、计时器具等工具，记录用表格及笔等工具。

3. 工件准备

工件进行水压试验前经过相关检验，合格后根据试验场地将工件吊装到试验平台相应位置并固定稳妥，清理工件内部焊渣、焊条头等杂物，装配垫片及法兰盖，焊接堵头、仪表接管、排气接管等。

4. 其他试验条件

（1）工件的水压试验应在无损检测和热处理后进行。

（2）压力表、温度计、水温测量仪应经校验合格且在有效期内。

（3）水压试验必须在5℃以上的环境温度进行，在低于该温度时应有防冻措施。水压试验平台上的温度计测得试验的环境温度为25℃。

（4）水压试验厂房的光线（或照明）应充足。

二、试验操作

1. 如图3-2-5所示，将试压泵与容器连接妥当，各装设压力表一只，压力表表面朝向便于读数的位置。因换热器（工件）的额定工作压力为0.8MPa，选择压力表的量程为3MPa。

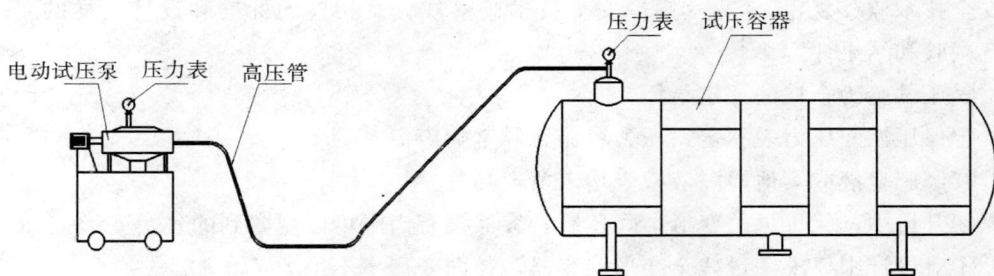

图 3-2-5　压力容器的水压试验

2. 通过进水孔将水注入试件内，水充满后关闭排气孔。

3. 接通设备上相应电缆，确认设备处于完好状态。

4. 选择水压试验的试验压力为1.2MPa。

5. 加压时，当压力缓慢升到0.1MPa时，应停止升压并进行检查，确保密封良好、没有泄漏后再升压。当压力升到工作压力0.8MPa时应停止升压，检查有无漏水或异常的变形等现象，然后再将试验压力升到1.2MPa。在试验压力1.2MPa下稳压20min，然后将压力降至额定工作压力0.8MPa进行检查，检查期间压力应保持不变，保压时间不少于30min。

6. 试验中试验人员应严格按试压泵的安全操作要求进行试验，并注意检查加压泵、压力表及保险装置，发现故障应及时排除。借助照明灯仔细观察焊接接头及其他连接处，若出现漏水、渗水部位须对其做出标记，并做好记录。

7. 水压试验完毕后，应拆除所有管座上的封口元件，将水放尽，完成整个试验。

三、试验结果评定

通过仔细检查，在容器的受压元件金属壁和焊缝上没有水珠和水雾；水压试验后，无渗漏，无残余变形发生。根据《热水锅炉安全技术监察规程》和《锅炉水压试验技术条件》（JB/T1612－1994）的规定进行评定，满足以上条件的试件，水压试验将被判定为合格。

四、撰写试验报告

根据水压试验原始记录，将试验所得原始数据进行整理，编制相关的水压试验报告，试验报告样式见表3-2-3，并经相关责任人员签字确认，水压试验报告中的水压试验过程图应根据相关标准和具体试验工件的相关技术要求确定。

表 3-2-3　水压试验报告

项目名称	容器水压试验				
试压日期	＊＊＊＊＊＊＊	依据	《锅炉压力容器安全技术监察规程》、JB/T1612		
环境温度	25℃	试验温度	21℃	试验压力	1.2MPa
稳压时间	20min	试压泵型号	4DSY－165/6.3		
压力表	量程	0～2.5MPa	数量	2	升压过程	缓慢
	检验有效期	＊＊＊＊＊＊	表盘直径	大于100mm	精确等级	1.5级
试验过程曲线图					
结论	在容器的受压元件金属壁和焊缝上没有水珠和水雾；水压试验后，无渗漏，无残余变形发生，因此水压试验评定为合格。				
监理单位	＊＊＊＊＊＊＊	建设单位	＊＊＊＊＊＊＊	监检单位	＊＊＊＊＊＊＊

任务评价

任务评价见表3-2-4。

表 3-2-4　任务评价表

班级		姓名			日期	
序号	评价要点		评分标准		配分	得分
1	试验前准备		正确选择试验设备、材料、工具		10	
2	试验基本操作		能进行水压试验		40	
3	试验结果评定		能进行试验结果评定		20	
4	撰写试验报告		能撰写水压试验报告		20	
5	安全文明生产		穿戴劳动防护用品等		10	
总分合计					100	

【思考与练习】

1. 压力试验常用方法有哪些？如何选择？
2. 简述水压试验的基本过程。
3. 水压试验结果评定方法。

模块四

焊件接头破坏性试验

破坏性检验是对从焊件或试件上切取的试样或对产品的整体进行试验来检验其力学性能的试验方法。利用破坏性检验方法对焊接接头进行的检验，一般是指对焊接试样板进行拉伸、弯曲、冲击、硬度和疲劳等的检测试验。破坏性检验一般都不直接用由交付使用的产品来制取测试试样，而是制备产品试板或模拟焊接生产条件（焊件、焊材、焊接方法、焊接参数等条件均相同）制作其他试板，焊接试样板的材料、坡口形式、焊接工艺等均应与产品实际情况相同。

任务 1　压力容器筒体对接焊缝的拉伸试验

学习目标

1. 能进行拉伸试验试板制备和坯料的截取。
2. 懂得拉伸试验试样的加工及验收指标。
3. 能操作拉伸试验机对试件进行拉伸试验操作。
4. 能进行拉伸结果的评定。
5. 能观察断口，总结材料的拉伸性能和破坏特点。

任务描述

某企业生产如图 4-1-1 所示压力容器筒体对接焊缝，材质为 Q235，板厚 t＝10mm，焊缝为 V 形坡口对接焊缝。根据技术要求和《压力容器安全技术监察规程》规定，压力容器的焊接试板需要进行拉伸试验，以测定焊接接头的抗拉强度。现请检验班组检测后出具检验报告单以确定产品是否符合质量要求。

（a）容器实物图

（b）接头示意图

图 4-1-1　压力容器

任务分析

　　对焊接试板进行拉伸试验，首先要了解压力容器筒体的材质和规格以及拉伸试验的相关标准，熟悉拉伸试验的试样取样方法和取样尺寸，掌握试件的制备方法及要求，了解拉伸试验设备的操作规程，学会正确掌握拉伸试验的操作程序，熟知拉伸试验的安全操作要求，从而正确掌握拉伸试验的相关知识和技能，对拉伸试验合格与否进行准确判断，并且撰写相应的检验报告。

相关知识

一、常用破坏性检验

常用破坏性检验包括力学性能试验、工艺性能试验等。

1. 力学性能试验

　　主要有拉伸试验、冲击试验（主要有低温、常温两种）等。就检验对象而言，拉伸试验主要有母材拉伸试验、焊接接头拉伸试验和熔敷金属拉伸试验三种；冲击试验根据焊接接头的焊缝、熔合线和热影响区分成三种。

　　拉伸试验是测定材料在拉伸载荷作用下的一系列的特性试验，主要用于检验材料是否符合规定的标准和研究材料的性能。金属通过拉伸试验可测定其强度指标（抗拉强度、屈服强度）、塑性指标、延伸率和断面收缩率。

　　冲击试验是一种动态力学性能试验，主要用来测定冲断一定形状的试样所消耗的功，即冲击韧性，故又叫冲击韧性试验。主要用于检验材料的韧脆度。

2. 工艺性能试验

材料工艺性能试验项目很多，目前在焊接生产中常用的有弯曲试验、压扁试验等。弯曲试验是最常用的检测材料及其焊接接头的工艺性能试验。弯曲试验是测定材料承受弯曲载荷特性的试验，主要用于测定脆性和低塑性材料（如铸铁、高碳钢等）的抗弯强度并能反映材料的塑性指标——挠度。弯曲试验还可用来检查材料的表面质量。

二、破坏性检验特点

1. 破坏性检验的优点

破坏性检验能直接、可靠地测量出产品的使用情况，测定结果是定量的，这对设计与标准化工作来说通常是很有价值的，通常不必凭着熟练的技术即可对试验结果作出说明，试验结果与使用情况之间的关系往往是一致的。

2. 破坏性检验的局限性

破坏性检验只能用于抽样检验，而且需要证明该抽样能代表一整批产品的情况；试验过的产品不能再交付使用；通常不能对同一件产品进行重复性试验，而且不同形式的试验可能要用不同的试样；对材料成本、生产成本很高或对利用率有限的零件，破坏性检验不太适用；不能直接测量运转使用期内的累计效应，只能根据所用过的不同时间的产品试验结果来加以推断；对使用中的产品很难应用；试验用的试样需要经过一定的机械加工或其他方式而制备得到；投资及人力消耗较高。

与无损探伤检测方法相比，破坏性检验还具有以下几个方面的局限性。

（1）检验过程周转环节多。例如，对于焊接工艺评定、产品焊接用的试板都要在对试板焊缝作外观和无损探伤检测合格后进行破坏性检验。从试板上切取样坯并将样坯加工成各种试样；然后，分别进行试验并填写试样报告单；最后，将检验结果送经责任人员审批后，再反馈给下达检验任务的单位。因此，从以上这个过程可以看出，破坏性检验的周转环节是很多的。

（2）有业务联系的职能部门多。以上各种试板的检验任务可能来自不同部门，如焊接工艺评定试板来自焊接责任工程师或焊接工艺科室；焊工考试试板受焊工考试委员会委托；产品焊接试板则来自生产车间产品检验科室。来自不同部门的试板在截取样坯后都要送到金工车间加工成符合要求的各种试样，然后才能送到理化检验室检验。此外，还包括来自材料供应部门下达的原材料和焊接材料的检验任务。总之，破坏性检验可能涉及焊接生产质量保证体系中的许多职能部门，服务面广，发生联系的单位多。

（3）破坏性检验涉及技术标准多。各个不同的检验项目都有各自不同的标准，其中取样方面的标准有：《钢及钢产品力学性能试验取样位置及试样制备》（GB/T2975—1998）、《焊接接头机械性能试验取样方法》（GB2649—1989）。除以上取样方法标准外，《产品焊接试板焊接接头的力学性能试验》（GB150—1998 附录 G）、《锅炉焊接工艺评定》（JB4420—2008）、《钢制压力容器焊接工艺评定》（JB/4708—2000）以及劳动部门

2005 年颁发的《锅炉压力容器焊工考试规则》等标准还规定了在试板上截取试样的部位和数量。

三、拉伸试验的原理

拉伸试验是指在承受轴向拉伸载荷下测定材料特性的试验方法。通过拉伸试验得到的实验数据可以确定材料的弹性极限、伸长率、抗拉强度、屈服强度和其他拉伸性能指标。在高温下进行的拉伸试验可以得到蠕变数据。目前，可以进行的拉伸试验包括金属拉伸试验、塑料拉伸试验、玻璃纤维的拉伸试验、黏结剂的拉伸试验、硬橡胶的拉伸试验等，主要用于检验材料是否符合标准和研究材料的性能。

四、拉伸试验的分类

拉伸试验一般包括母材、焊接接头及焊缝熔敷金属的拉伸试验。因它们的取样位置不同，所以其拉伸试验测定的性能所代表的对象也就不同。母材拉伸试验用来测定材料的强度和塑韧性；焊接接头拉伸试验用于评定焊缝或焊接接头的强度和塑性性能；焊缝及熔敷金属的拉伸试验只要求测定其拉伸强度及塑性。

1. 母材的拉伸试验

按照《金属材料室温拉伸试验方法》（GB/T 228—2002）进行拉伸试验。母材金属沿纵向、横向和厚度方向的性能是各不相同的。故对三个不同方向切取的拉伸试样可测取母材沿三个不同方向的强度和塑性。不同磁场和断面的相同材料的拉伸试样测取的抗拉强度是相同的，而伸长率的数值在具有相同比例尺寸试样测试结果之间进行比较才有意义。

2. 焊接接头的拉伸试验

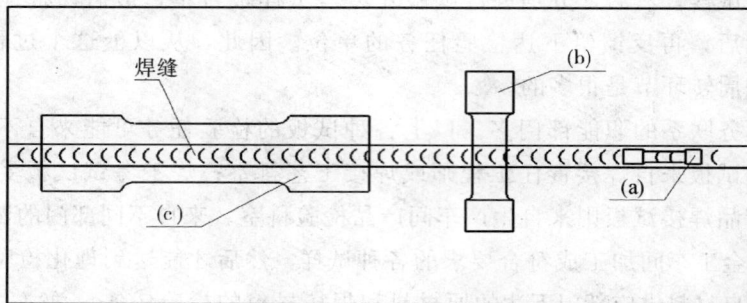

（a）焊缝金属拉伸试样　　（b）焊接接头横向拉伸试样　　（c）焊接接头纵向拉伸试样
图 4-1-2　三种典型焊接拉伸试样

焊接接头的拉伸试验包括母材、热影响区和焊缝三部分，有横向和纵向两种形式。这两种形式的焊接接头拉伸试样示意图如图 4-1-2 所示。目前，焊接检验拉伸试验主要用来测定焊接材料、焊缝金属和焊接接头在各种条件下的强度、塑性和韧性的数值，根据这些数值来确定焊接材料和焊接规范是否满足设计和使用要求。抗拉强度和屈服强度的差值能定性说明焊缝或焊接接头的塑性储备量。通过伸长率和断面收缩率的比较，可以看出塑性变形的不均匀程度，能定性说明焊缝金属的偏析和组织的不均匀性。

3. 焊缝及熔敷金属的拉伸试验

焊缝及熔敷金属的拉伸试验应按照《焊缝及熔敷金属拉伸试验方法》（GB/T2652—2008）标准执行，以测定其强度指标以及塑性指标。

五、拉伸试验的一般程序

拉伸试验一般包括母材、焊接接头及焊缝熔敷金属的拉伸试验。因为取样位置的不同，所以其拉伸试验测定的性能所代表的对象也不同。对焊接试件进行拉伸试验，首先应了解被检测焊接件的材质、规格和测定对象等参数，并确定检测要求与验收标准；进行取坯，确定试样的形状和尺寸，选择合适的试验机等。

1. 拉伸试验条件准备

包括确定检验的对象及要求、确定试验测定的性能指标、样坯的截取、试样形状和尺寸的加工、试样原始标距的标记、试样尺寸测量。

2. 拉伸试验操作

包括拉伸试验机的选择、试验机的检查和调试、试样的安装、检查与试车、加载试验。

3. 拉伸试验的结果评定

包括记录屈服荷载值和拉伸时的最大荷载值、测量断后标距及缩颈最小直径、评定试验数据、撰写检测报告及存档。

六、拉伸试验的试样及制备

1. 拉伸试验的试样

应按照《焊接接头拉伸试验方法》（GB/T2651—2008）标准执行。根据焊接产品的类型和要求，焊接接头的拉伸试验可采用板形（包括板接头和管接头）和整管两种。由于试验的对象不同，拉伸试验试样的形式也不同，具体有板状、整管和圆形试样三种。板件和板件的对接焊缝试样应为板状；大直径管材及其对接接头的试样则从管子上切取一部分作为试件，故横截面呈圆弧状；小直径管子则可直接用整根管子作试样。焊接接头的拉伸试样的形式应根据需要进行选用，对于焊接接头来说，常选用的是板形的拉伸试样，如图 4-1-3 所示。管接头的板形拉伸试样与板接头的板形拉伸试样相同，如图 4-1-4 所示。

2. 拉伸试样的制备

（1）试板尺寸和试样截取

①试板焊缝应进行外观和无损检测，然后在合格部位截取试样。

②试板的长度和宽度以满足试样数量的截取为宜，具体试板尺寸见表 4-1-1，一般对接接头试板 L≥300mm，B≥250mm，试样的截取如图 4-1-5 所示。

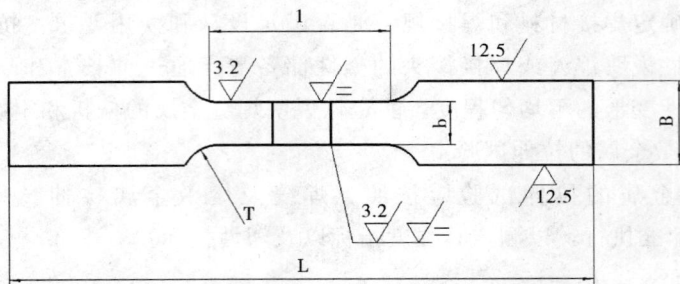

图 4-1-3 板接头板状试样

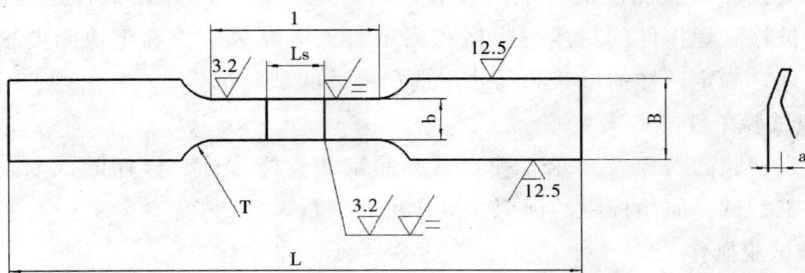

图 4-1-4 管接头板状试样

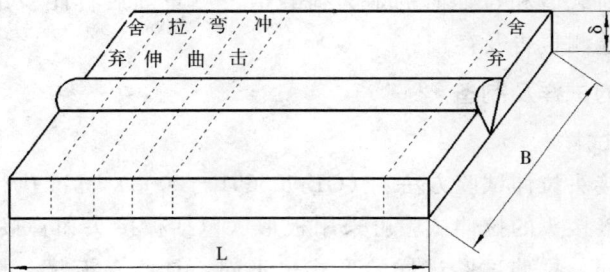

图 4-1-5 产品对接试板尺寸及截取

表 4-1-1 板形拉伸试样的尺寸

总长		L	根据试验机确定
加持部分宽度		B	b+12
平行部分宽度	板	b	≥25
	管	B	D≤76，B=12；D>76，B=20
平行部分长度		l	>Ls+60 或 Ls+12
过渡圆半径		r	≥25

③试板两端舍去部分长度随焊接方法和板厚而异，一般手工焊不小于 30mm，自动焊和电渣焊不小于 40mm。

（2）试样的加工

①拉伸试样表面焊缝的余高应采用机械方法去除，使之与母材平齐。

②对复合材料，当复层计入设计厚度时，拉伸试样包括复层；反之则可去除复层。

③采用多种方法施焊时，试样的受拉面应包括每一种焊接方法的焊缝金属。

五、拉伸试验机的原理及使用

拉伸试验是在拉伸试验机上进行的。试验机有机械式、液压式、电液或电子伺服式等形式。本任务以 WES－600B 油缸下置式数显式液压万能试验机为例（见图 4-1-6），此设备主要用于金属材料和水泥、混凝土、塑料等非金属材料的拉伸、压缩、弯曲、剪切等试验。增加附具，可完成钢丝绳、链条、电焊条及构件的力学性能试验。广泛应用于机械、冶金、交通、建工、建材、大专院校、质量检测等行业和部门，性能可靠，经济实用，是生产和工程中材料检测的理想试验机。

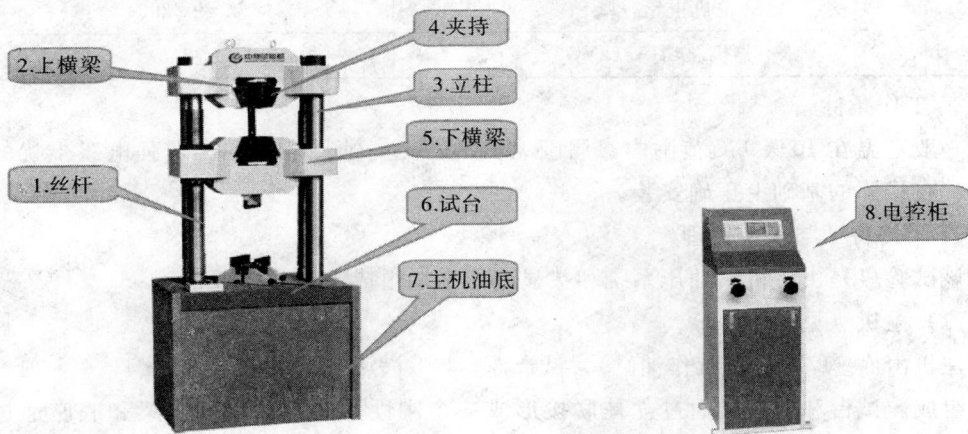

图 4-1-6　WES－600 液压万能试验机

1. 主要规格、技术参数与技术指标

表 4-1-2　WES－600B 型液压万能试验机参数表

序号	项目名称	技术参数
1	最大试验力（kN）	600
2	力值测量范围	2％～100％Fs
3	试验机级别	1 级
4	最大拉伸试验空间（含行程 mm）	500

序号	项目名称	技术参数
5	最大压缩试验空间（mm）	400
6	弯曲支座最大间距（mm）	400
7	上下压盘尺寸（mm）	160
8	活塞最大行程（mm）	150
9	圆试样夹持直径（mm）	13～40
10	扁试样夹持厚度（mm）	0～30（标配0～15）
11	扁试样夹持宽度（mm）	70
12	试样夹持方式	液压夹持
13	主机外形尺寸（长×宽×高 不含行程 mm）	730×570×1900
14	油源系统（长×宽×高 mm）	580×550×1160
	主机重量（kg）	约2200
	整机总功率（kW）	2.6

2. 工作条件

一般室温在10～35℃范围内，周围无振动、无腐蚀性介质和无较强电磁干扰的环境中；在稳固的基础上正确安装。

3. 结构特征与工作原理

该试验机是由主机、油压系统和数显测控系统组成。

（1）主机（见图4-1-6）

主机由底座7（内装工作油缸），试台6，上下横梁2、5，夹持部分4，丝杠1，立柱3组成。试台和上横梁通过立柱联接形成一个刚性活动框架，下横梁和底座通过丝杠联接形成一个刚性固定框架。这样，就形成两个工作空间，即：上横梁和下横梁形成的拉伸空间；下横梁和试台形成的压缩空间。拉伸空间和压缩空间的调整是通过下横梁的上下移动来实现的，下横梁移动是由电机减速机、链条传动机构、丝杠副完成的。上钳口座与下钳口座之间为拉伸区域。钳口座内设有钳口，通过更换不同钳口夹持不同的试样进行试验。

油缸和活塞是主机的重要部分。它们的接触表面经过精密加工，并保持一定的配合间隙和适当的油膜。因此在使用时应特别注意油的清洁，不能使油内含有杂质、铁屑等，以防进入油源和油缸内，损坏液压元件及油缸、活塞的接触表面，进而影响试验力值的准确度。安装时应注意：杂质不得掉入油缸内。如有杂质落在油缸及活塞的上口接触处时，必须用洁净卫生纸擦拭干净。

（2）操作部分

该试验机是数显式液压万能试验机，它的操作系统是手动控制，主要控制力值增加的速度、校准力值及快速升降活塞。电源油泵电机的开停、横梁的升降按钮装在仪表控制箱上。打开送油阀可使油泵输出高压油送到试验机油缸内。回油阀可卸除负荷，使工作油缸内的油回到油箱内。

（3）高压油泵及电机

高压油泵与电机直接连接，装在油箱盖板下面。油箱外面有油窗观察油位。高压油泵是采用柱塞式油泵，是由七套柱塞副组成的轴向柱塞泵，油泵内的活塞具有较高的表面质量和良好的配合，以保证产生高压及足够的排量。

（4）液压传动系统

油箱内的油经过粗滤器被吸入油泵后，通过精滤器及输油管送到送油阀。送油阀关闭时液压油推开溢流阀送往夹紧油路的电磁阀，可进行试样夹紧、松开操作。当送油阀手轮打开、回油阀关闭时，油液经管路进入工作油缸内，同时通过压力油管作用到压力传感器，传感信号经转换处理后由数显测控系统指示出试验值及各种参数。试验结束后，打开回油阀、关闭送油阀，使液压油回到油箱。

（5）电气部分

进行维修和检查时必须从试验机外部切断电源，非专业电气人员不要接触和检查电气部分。

（6）油缸的位移测量系统

该系统通过高精度的光电编码器来测量活塞的位移，传感信号经转换处理后由数显测控系统指示出位移值。

4. 安装与调试

试验机的安装与调试是项重要工作，它关系到恢复试验机的几何精度、示值精度及试验机的使用寿命。因此，应当由专业人员进行该项工作。

（1）安装条件

试验机应安装在清洁、干燥、无震动且温度均匀的房间内，在试验机的周围应留出足够的维修空间。试验机的主机应装在混凝土的基础上，其尺寸大小根据试验机地基及电线、安装管道等装置而定。基础的上平面应平整，用水平尺找正，待基础的水泥凝固后再安装试验机。

（2）安装

①主机的初步找正：将随机所带的地脚螺栓放入基础预留的方孔内，在主机的基础上放入楔铁，在4个地脚螺栓位置各放置1件，吊装主机就位。在工作台面中央位置放置框式水平仪，对主机水平度进行调整，使其水平度为0.2/1000。

②试验机地基的浇固：试验机精度调好后，用水泥将地脚螺母浇固，使机座下面

的垫铁牢合，并用水泥浆将机座下面的空隙全部填死，保证机座与水泥基础的良好结合，防止在使用过程中因受震动而造成试验机的不水平。注意：浇固水泥浆时，不得将丝杠螺母浇固在地基上，以防开动试验机时烧毁电动机或损坏有关机械零件。

地脚螺母浇固后，水泥凝固前不准紧固地脚螺母和开动试验机，待水泥完全凝固后，再紧固好地脚螺母，对试验机的安装精度进行复查，是否与找正精度相符合，如不符合应重新找正。

试验机在使用过程中由于振动容易产生松动现象，所以试验机使用一段时间后应将有关零件加以固定。

③接管：在安装主机与油源相通的油管时，应首先将油管用煤油清洗干净保证油路的清洁，并注意接头处垫圈是否完整，油缸管路接管要正确。

④注油与排油：打开油源后面铁门，通过注油孔向油箱内加油。注油量可观察油箱后面的液位计。放油时打开油箱底部油嘴即可。油的使用期限根据试验机使用的频繁情况而定，一般一年左右。换油前将油箱清洗干净。

⑤接电：试验机的电气装置在油源内，供电电压为380V，主机与油源间的电路采用导线连接。在引入电源线后，按动数显仪表面板上的"电机"按钮，灯亮则证明开始供电，油泵启动，观察电机尾部应是顺时针旋转。再开动钳口（横梁）升降电动机，检查其动作是否与按钮上所示文字相符。送电前，必须将油源背后左下方按有关规定接地，以免出现漏电伤人事故。同时接好数显仪表电源，数显测控电压为380V。

⑥润滑：可在丝杠上涂二硫化钼润滑脂，使丝杠与丝母得到润滑；为避免钳口座在滑动面上被卡死，可涂二硫化钼润滑脂；链条、链轮要定期注润滑油。

⑦油泵的初次运转及试车：初次启动油泵或变动电线接头时，应观察电机尾部的旋转方向（顺时针旋转），检查油泵进出口油路是否通畅，并注意放掉管路内的气体。主油缸接管后，也可能有空气进入管内，影响压力传感器测量的稳定性，这时可开动油泵，打开送油阀，使油缸上升一段距离，然后卸荷。这样经过几次循环，可把空气排挣，进入正常试验。

⑧安全装置：为控制活塞上升超限，在主机工作台下设有限位开关以保证安全。

5. 操作时注意事项

（1）加压时不准超出最大规定负荷限度。

（2）在试验中，如油泵突然停止工作，应将所加负荷卸掉，使油压降低，检查后重新开泵。不可在高压下启动油泵。

（3）在试验中，如电器发生失灵，启动或停止按钮不起作用，应立即切断电源使试验机停止工作。

（4）为防止试样在断裂时飞出造成事故，使用时应注意上、下钳口座两侧压板螺栓是否松动，应随时紧固防止压块等飞出造成事故。

（5）开车前，应将送回油阀拧紧，防止活塞突然快速上升。

（6）下横梁的升降是用来调整试验空间的，严禁用下横梁对试样做试验加力。这会导致驱动机构中的链条断裂、移动横梁卡死等事故。

（7）试验机安装时，正确接上三相电源线，零线截面积不小于 $1.5mm^2$。牢固地接好地线，连接好主机和控制柜之间的连线。

（8）初次试车时注意电机旋转方向。如方向相反，更换任意二相电源线位置。

（9）检查限位开关是否灵活可靠，热继电器电流值是否恰当，更换保险丝时注意规格要相同。

6. 试验机的保养

（1）试验机各部分应经常擦拭干净，对没有喷漆的表面擦拭干净后应用棉纱沾少量的机油再擦一遍，以防止生锈，雨季期间更应注意擦拭，不用时用罩衣将试验机罩起防止灰尘侵入。

（2）每次试验后试台下降，活塞不宜落到缸底，稍留一点距离以利下次使用。

（3）试验机暂停使用时应将油泵电机关闭。

（4）油源上所有活门不应打开放置，以免灰尘进入内部。

（5）应定期对试验机主机各相对转动、相对移动部分进行加油（脂）进行润滑。

（6）当试验机使用一段时间后，应检查链条在传动过程中的松紧程度，如发现链条过松，可调整链条张紧轮位置，并加适量润滑油。

7. 液压油的选用

液压系统中，采用 68♯抗磨液压油，用油总量约 40 升。

8. 试验机的使用

（1）试验控制

用油总量约 40 升。检查油路及线路安装无误后接通电源，试验时的具体操作可见《测力仪使用说明书》。

（2）手动操作

送油阀在升起工作台时可以开的大些，使试台以较快的速度上升。当试样加荷时，可根据试样规定的加荷速率进行调节。不可无故关闭，使试样所受负荷突然下降，因而影响试验数据的准确性。回油阀在加荷时必须将其关闭，不许有油泄露。在试样断裂后慢慢打开回油阀卸除负荷，使活塞回落到原来位置，应注意：送油阀不要拧得太紧，以免损伤油针的尖端，回油阀必须拧紧，因油针尖端有较大的钝角，不易损伤。

9. 操作步骤

以下是以拉伸试验作为典型试验而进行的操作步骤，压缩、弯曲和剪切试验可以参照拉伸试验的操作步骤。

（1）接好电源线，启动"电机"按钮，指示灯亮。此时，油泵运转；

（2）根据试样尺寸选用测量范围，把相应的钳口装入上、下钳口座内；

（3）将试样一端夹持于上钳口中；

（4）打开送油阀，使工作台上升 10mm，然后关闭送油阀（如果工作台已升起，则不必开泵送油）；

（5）测力仪中负荷清零；

（6）将横梁钳口升降到适当高度，将试样另一端夹持于下钳口中；

（7）按试验要求的加荷速度，进行加荷试验；

（8）试样断裂后，按顺序松开下、上钳口；

（9）取下断裂的试样；

（10）打开回油阀卸荷，将油缸回落到起始点，停止油泵工作。

10. 拉伸试验（拉伸、弯曲附具见图 4-1-7）

 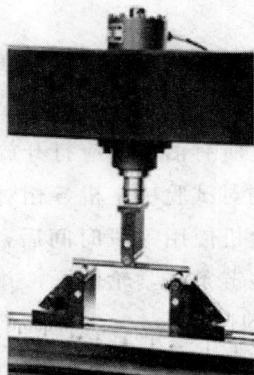

（a）拉伸附具   （b）弯曲附具

图 4-1-7　拉伸、弯曲附具

（1）做拉伸试验时，应按钳口所刻的尺寸范围夹持试样。试样应该夹在钳口的全长上，两块钳口位置必须一致。

（2）为避免钳口及钳口座活动时，在滑动面上卡死，可涂二硫化钼润滑脂，并可用随机所带防护板或自制橡胶防护板，对下钳口座进行保护。

任务实施

一、试验前准备

1. 选择拉伸试验机

现有设备为 WES—600B 数显式万能试验机。

2. 拉伸试样的制备

（1）试样加工：拉伸试样上的焊缝余高应用机械方法去除，通常选择万能铣床进行铣削加工或刨床进行刨削加工，使之与母材平齐，试样的棱角应倒圆，圆角半径不得大于 1mm。

（2）试样尺寸：根据表 4-1-1 计算，拉伸试验的试样宽度为 30mm＋12mm＝42mm。（取 b＝30mm）。

（3）试样的形状、表面粗糙度均达到图 4-1-3 所示的要求，并取试样原始标记为 1＝75mm。

（4）做好试样原始标距的标记：可采用两个或一系列等分小冲点或细画线标出原始标距。标记不应影响试样拉伸断裂。计算比例试样的原始标距时，对于短比例试样应修约到 5mm 的倍数，对长试样应修约到 10mm 的倍数，如为中间值则向较大的一方修约。原始标距应精确到标距的±0.5％。

（5）按要求填写试验委托单。委托单的内容应包括委托单位，工件名称，试样编号、数量及规格，试样状态，试验项目及要求等。注意要试验的试样及委托单上必须有标记，委托单要随试样实物一起流转。试样实物及委托单应一起送检测部门进行拉伸试验。

二、试验操作

1. 选择合适的拉伸夹具，并安装好；

2. 根据 Q235A 材料 σ＝375～460MPa，配置相应的摆锤，选择合适的测力度盘，并调整好主动指针使其对准零点，从动指针与主动指针靠拢，调整好自动绘图装置；

2. 按此顺序开机：显示器→打印机→计算机→启动试验软件→液压源；

3. 进入试验窗口，选择试验方法，设定试验参数；测量试样尺寸，输入相关试验参数；

4. 安装拉伸试样；

5. 安装引伸计，用来检测材料的变形；

6. 传感器示值清零，开关转换到加荷档，打开送油阀，点击试验窗口的“运行”按钮，进入试验状态，仔细观察测力指针转动和绘图装置绘图情况；

7. 直到试样拉断，设备会自动保存试验数据，根据记录最大载荷值 F_m，计算出最大抗拉强度值 $\sigma_m = F_m/S_0$＝450MPa，关闭送油阀；

8. 取下试样，打开回油阀；

9. 关机顺序：液压源→退出试验软件→工控机→计算机→显示器→打印机。

10. 检查拉伸试验试样的断口位置是否在焊缝区。拉断后试样如图 4-1-8 所示。

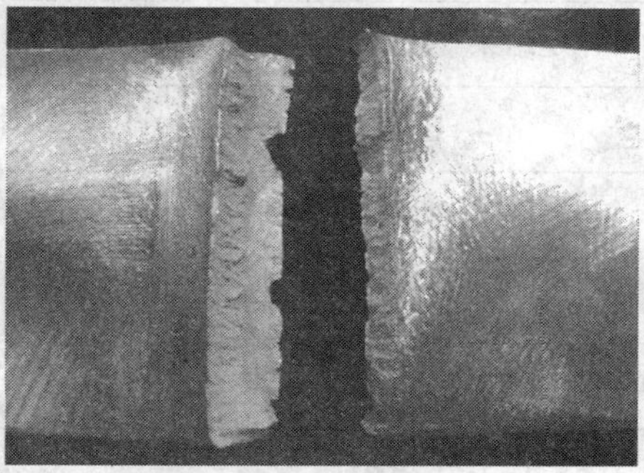

图 4-1-8　拉断后的试样

三、试验结果评定

根据《钢制压力容器》（GB/150－1998）要求及产品技术条件的规定，进行工艺评定。

1. 试样母材为同种钢号时，每个试样的抗拉强度应不低于母材钢号标准规定值的下限值。

2. 试样母材为两种钢号时，每个试样的抗拉强度应不低于两种钢号标准规定值下限的较低值。

3. 同一厚度方向上的两片或多片试样拉伸试验结果平均值应符合上述要求，且单片试样如果断在焊缝或熔合线以外的母材上，其最低值不得低于母材钢号标准规定值下限的 95％（碳素钢）或 97％（低合金钢和高合金钢）。

综上所述，本任务试验结果的抗拉强度值 $\sigma_m = 450\text{MPa}$（$\geqslant 375 \sim 460\text{MPa}$），因此，本工件拉伸试验结果评定为合格。

四、撰写试验报告

拉伸试验检验报告样式见表 4-1-2。

表 4-1-2 拉伸试验检验报告

产品名称	压力容器	编　　号	020	采用标准	GB150—1998
委托单位	＊＊＊＊＊	工程名称	＊＊＊＊＊＊	试验日期	＊＊＊＊＊
材质	Q235	试验委托人	＊＊＊＊＊＊	委托日期	＊＊＊＊＊＊
委托检测项目	焊接接头拉伸试验				
拉伸试验					
试件编号	试件规格	屈服点 MPa	抗拉强度		发现缺陷情况
031	12mm	／	450		无
评定结果	评定为合格				
备注					
批准		审核		主检	
报告日期					

任务评价

任务评价见表 4-1-3。

表 4-1-3　任务评价表

班级		姓名		日期	
序号	评价要点		评分标准	配分	得分
1	评定标准的选择		能查阅相关标准	10	
2	检测前准备		正确选择检测设备、材料、工具	10	
			拉伸试样加工正确	20	
3	检测基本操作		能调整主动指针和校准零点，调整好绘图装置	10	
			能正确操作设备对工件进行拉伸试验	20	
4	试验结果评定		根据试验结果数据，计算需要测定的性能值，根据相关标准进行评定	20	
5	安全文明生产		穿戴劳动防护用品等	10	
		总分合计		100	

【思考与练习】

1. 常用破坏性检验方法有哪些？
2. 拉伸试验的分类有哪些？
3. 简述拉伸试验的操作程序。

任务 2　压力容器筒体对接焊缝的弯曲试验

学习目标

1. 懂得弯曲试验的原理、分类、方法及要求。
2. 能进行弯曲试样的制作。
3. 掌握弯曲试验的操作方法。
4. 能根据试验结果进行试验评定。

任务描述

弯曲试验是测定材料承受弯曲载荷时工艺性能的试验，是材料工艺性能试验的基本方法之一。许多焊接件在焊前或焊后要经过冷变形加工，材料或焊接接头能否经受一定的冷变形加工，就要通过冷弯试验加以验证。某企业现以压力容器筒体环焊缝的焊接试板做试验（如图 4-2-1），根据《钢制压力容器》（GB150—1998）规定要求，进行面弯和背弯的弯曲试验，以测定焊缝接头是否符合要求。现请检验班组试验后出具试验报告单以确定试板样件是否符合质量要求。

学习任务

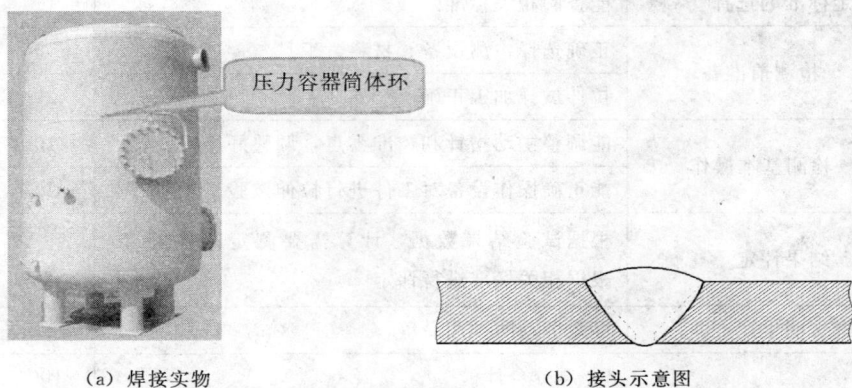

（a）焊接实物　　　　　　　　　　　　　（b）接头示意图

图 4-2-1　压力容器筒体环焊缝

任务分析

　　要对焊接试板进行弯曲试验的检测，应了解压力容器筒体的材质和规格以及弯曲试验的相关标准，熟悉弯曲试验的试样取样方法和取样尺寸，掌握试样的制备方法及要求，了解弯曲试验设备的操作规程，正确掌握弯曲试验的操作程序，熟知弯曲试验的安全操作要求，从而正确掌握弯曲试验的相关知识和技能，对弯曲试验合格与否进行准确判断，撰写相应的试验报告。

相关知识

一、弯曲试验原理

　　弯曲试验用来评价焊接接头的塑性变形能力并显示受拉面的焊接缺陷。按国家标准《焊接接头弯曲试验方法》（GB/T2653－2008）规定，采用横弯、纵弯和侧弯三种基本类型的弯曲试样。弯曲试验主要采用三点弯曲和辊筒弯曲两种试验方法，如图 4-2-2 所示。

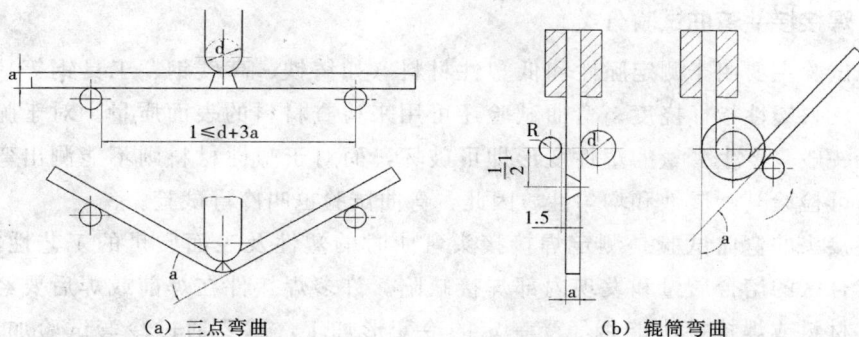

（a）三点弯曲　　　　　　　（b）辊筒弯曲

图 4-2-2　二种弯曲方法示意图

在弯曲试验中常用弯曲角达到技术条件规定数值时是否开裂来评定受试接头或材料是否满足使用要求，有时也以受拉面出现裂纹时的临界弯曲角来评定受试接头的弯曲性能。工程上常使用的是三点弯曲试验方法。辊筒弯曲试验法特别适用于两种母材或母材和焊缝之间弯曲性能显著不同的横向弯曲试验。

三点弯曲试验方法的过程是将按规定制作的试样放置在压力机或万能材料试验机上，如图 4-2-3（a）所示。在规定的支点间距上用一直径为 d 的试验弯轴对试样施力，使其弯曲到规定的角度 a，见图 4-2-3（b）所示。然后卸除试验力，检测试样承受冷变形的能力。焊接接头弯曲试验时，各种材料弯曲参数选用见表 4-2-1 所示。

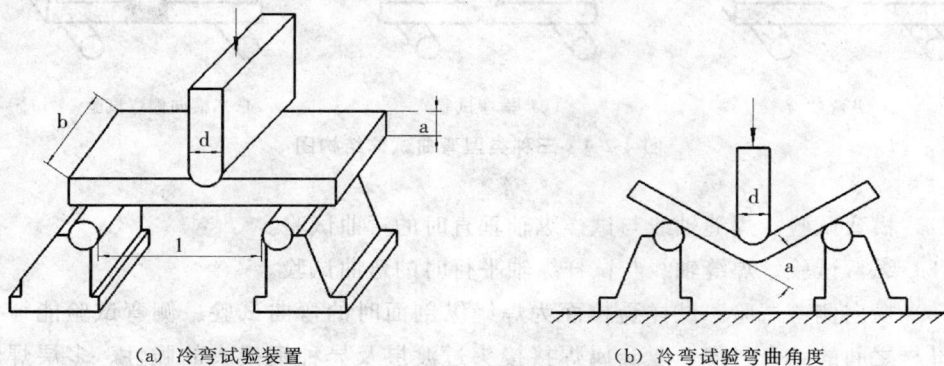

（a）冷弯试验装置　　　　　　　（b）冷弯试验弯曲角度

图 4-2-3　三点弯曲试验方法

表 4-2-1　焊接接头弯曲试验要求

钢种	弯轴直径 d/mm	支点间距 l/mm	双面焊弯曲角度 a	单面焊弯曲角度 a
碳钢、奥氏体钢	3a	5.2a	180°	90°
其他低合金钢、合金钢	3a	5.2a	100°	50°
复合板或堆焊层	4a	6.2a	180°	180°

二、焊接接头弯曲试验分类

弯曲试验主要用于测定脆性和低塑性材料（如铸铁、高碳钢、工具钢等）的抗弯强度并能反映塑性指标挠度。弯曲试验还可用来检查材料的表面质量。对于脆性材料弯曲试验一般只产生少量的塑性变形即可破坏，而对于塑性材料则不能测出弯曲断裂强度，但可检验其延展性和均匀性。因此，弯曲试验也叫冷弯试验。

焊接接头的弯曲试验是测定焊接接头弯曲时的塑性及表面质量的工艺性能试验，以考核熔合区的熔合质量和发现内部焊接缺陷。许多焊接件在焊前或焊后要经过冷变形加工，材料或焊接接头能否经受一定的冷变形加工，就要通过冷弯试验加以验证。弯曲试验的试样常采用对接接头形式，并有一定形状和尺寸要求，其在室温条件下被弯曲到一定的弯曲角度后，检查其是否出现开裂，或以在室温条件下被弯曲到出现第一条大于规定尺寸的裂纹的弯曲角度作为评定标准，用来评价焊接接头各区域的塑性差别。弯曲试验可用来评价焊接接头的塑性变形能力和显示受拉面的焊接缺陷。按《焊接接头弯曲试验方法》（GB/T2653－2008）的要求，采用横弯、纵弯和横向侧弯三种基本类型的弯曲试样，如图 4-2-4 所示。

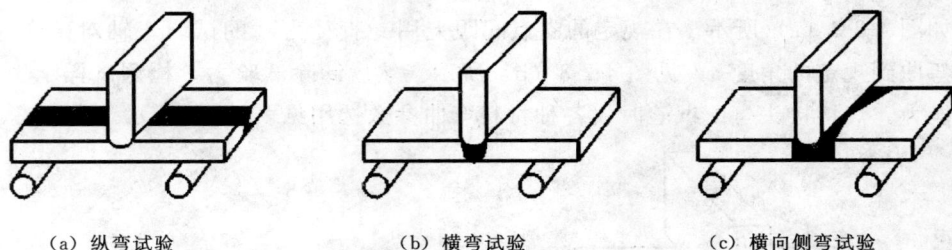

| (a) 纵弯试验 | (b) 横弯试验 | (c) 横向侧弯试验 |

图 4-2-4　三种类型弯曲试样结构图

（1）横弯试验。焊缝轴线与试样纵轴垂直时的弯曲试验。

（2）纵弯试验。焊缝轴线与试样纵轴平行时的弯曲试验。

（3）横向侧弯试验。试样受拉面为焊缝纵剖面时的弯曲试验。侧弯试验能评定焊缝与母材之间的结合强度、双金属焊接接头过渡层及异种钢接头的脆性、多层焊的层间缺陷等。

在弯曲过程中，压轴下面受拉面的材料产生最大拉伸形变，开裂常在此处发生，因此横向弯曲和侧向弯曲性能主要受压轴下方受拉面的焊缝金属塑性变形能力的控制。但是，根据受试接头焊缝宽度的不同，相邻热影响区材料对横向和侧弯也有不同程度的影响。所以，横向和侧向弯曲性能是接头横向变形能力的工程度量，不是单纯焊缝塑性形变能力指标。纵向弯曲时，接头各区受到相同程度的形变，开裂首先发生在压轴下方受拉面的最低塑性区，因此纵向弯曲角主要受接头最低塑性区变形能力的控制。纵向弯曲没有横弯和侧弯使用的普遍，大多设计规程不规定进行纵弯。纵弯多在科研试验和某些焊后承受变形加工的部件的工艺评定中使用。

对于焊接接头的横弯和纵弯，根据弯曲时受拉面的不同，又可分为面弯（受拉面为焊缝正面）和背弯（受拉面为焊缝背面）。所谓面弯是试样受拉面为焊缝正面的弯曲。对于双面不对称焊缝，面弯试样的受拉面为焊缝最大宽度面；对于双面对称焊焊缝，则先焊面为正面，面弯易于发现焊缝近表面的缺陷。所谓背弯则是试样受拉面为焊缝背面的弯曲，背弯易于发现焊缝根部缺陷。侧弯能检验焊层与焊件之间的结合强度，可根据产品技术条件选定弯曲检测方法。

三、弯曲试验一般程序

焊接接头弯曲试验一般包括面弯试验和背弯试验，因弯曲拉伸面位置不同，所以试验测定的结果也不同。对焊接试件进行弯曲试验，首先应充分了解被检测焊接件的材质、规格等参数，并确定检测要求与验收标准，然后依据相应标准来截取弯曲试样样坯、确定试样形状和加工尺寸、选择试验机并配备合适的弯曲装置，同时要确定该焊接试件弯曲试验的弯曲角度等指标。弯曲试验的一般程序为：

1. 弯曲试验条件的准备
(1) 确定检验的对象及要求；
(2) 确定要求测定的弯曲角度；
(3) 样坯的截取；
(4) 试样形状和尺寸的加工；
(5) 弯轴的选择。

2. 弯曲试验操作
(1) 调整试验机；
(2) 试样的安装；
(3) 检查与试车；
(4) 加载试验。

3. 弯曲试验结果评定
(1) 试样开裂位置的确定；
(2) 测量裂纹的尺寸；
(3) 评定试验数据；
(4) 撰写检测报告及存档。

四、弯曲试验的试样

1. 弯曲试验试样的制备
(1) 弯曲试验试样样坯的截取
①截取位置。弯曲试样形式有板状和管接头条状两种。通常都是用板状试样，板状弯曲试样按照图 4-1-5 所示的弯曲位置截取。

②截取尺寸。弯曲试样样坯的宽度应大于试样宽度 3～5mm，以保证加工的试样达到尺寸要求。

（2）试样加工

①试样应用机械方法加工。弯曲试样上焊缝余高或垫板应采用机械方法去除，试样的拉伸面应该平齐且保留焊缝两侧中至少一侧的母材原始表面，试样拉伸面的棱角应倒圆，圆角半径不得大于 2mm。

②弯曲试样的形状及尺寸。弯曲试样形状如图 4-2-5 所示，不同材料弯曲试样尺寸如下。

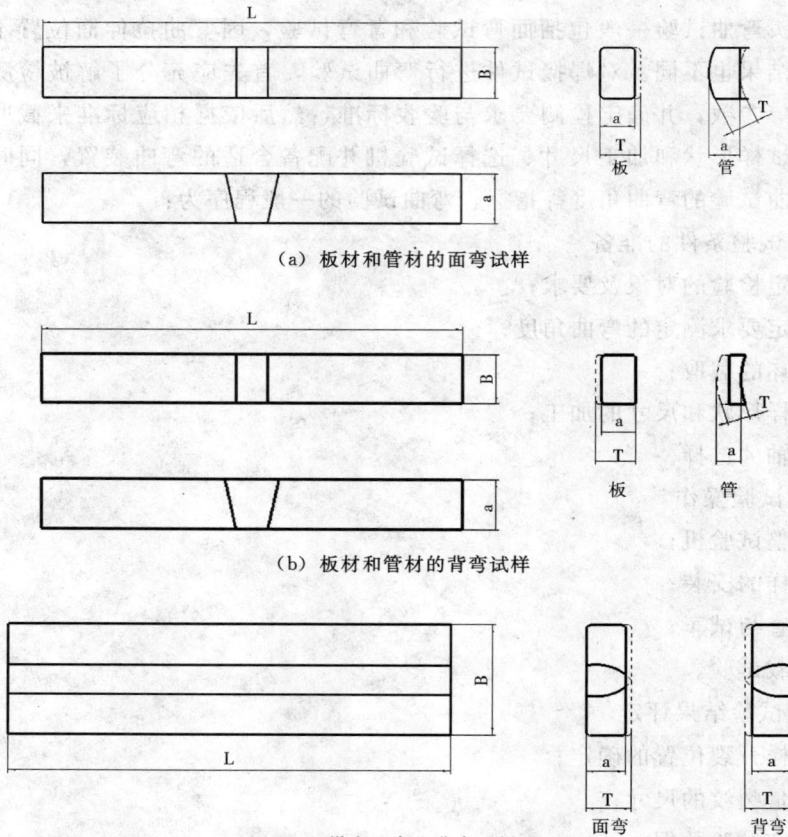

（a）板材和管材的面弯试样

（b）板材和管材的背弯试样

（c）纵向面弯和背弯试样

图 4-2-5　面弯与背弯试样图

A. 母材弯曲试样尺寸。母材厚度 a<30mm 的各种板材或宽度大于 100mm 的带材的弯曲试样，按以下尺寸加工试样：试样宽度 B=2a，试样长度 L=5a+150mm。母材厚度 a>30mm 的板的弯曲试样：试样宽度 B=20mm，L=200mm。当纵弯试样焊缝较宽时，B 可增大，最大为 40mm。

B. 板材焊接接头弯曲试样尺寸。板接头弯曲试样的宽度一般取 B=30mm，试样长

度 $L \leqslant d+2.5a+100mm$。板接头横弯试样的宽度应不小于板厚的 1.5 倍，至少为 20mm；如果试板的厚度超过 20mm，则可在不同的厚度区取若干个试样，以取代接头全厚度的单个试样，但每个试样的厚度不小于 20mm。

C. 管材焊接接头弯曲试样尺寸。管接头弯曲试样的试样宽度 $B=a+D/20$（a 为试样厚度，D 为管子外径），并且 $10mm \leqslant B \leqslant 38mm$，试样的长度 $L=d+2.5a+100mm$（d 为弯轴直径，a 为试件厚度）；当试样壁厚大于 20mm 时，$a=20mm$。侧弯试样的厚度应大于等于 10mm，宽度应等于靠近焊接接头的母材厚度；当试件板厚超过 40mm 时，则可以在不同的厚度区取宽度相等的若干个试样以取代接头全厚度的单个试样，每个试样的宽度为 20~38mm，试样的长度一般为 $L=d+105mm$（d 为弯轴直径）。

③用锉刀和纱布按加工要求打磨焊接接头部位和倒圆角，并做好试样标记。

五、弯曲试验的设备

本章以 WES—600B 油缸下置式数显式液压万能试验机为例，此设备主要用于金属材料和水泥、混凝土、塑料等非金属材料的拉伸、压缩、弯曲、剪切等试验（同拉伸试验设备）。

六、试验结果评定

对试验结果按有关标准的规定进行。试样弯曲到规定的角度后，检测试验的拉伸表面，一般试样的棱角开裂不计，但确因夹杂或其他焊接缺陷引起的棱角开裂长度应计入评定，弯曲试验结果一般分为：

（1）完好：试样弯曲处的表面金属基本上无肉眼可见、因弯曲变形产生的缺陷。

（2）微裂纹：试样弯曲外表面金属基体上出现细小裂纹，其长度不大于 2mm，宽度不大于 0.2mm。

（3）裂纹：试样弯曲外表面金属基体上出现开裂，其长度＞2mm，而≤5mm；宽度＞0.2mm，而≤0.5mm。

（4）裂缝：试样弯曲外表面金属基体上出现明显开裂，其长度＞5mm，宽度＞0.5mm。

（5）裂断：试样弯曲外表面出现沿宽度贯穿的开裂，其深度超过试样厚度的 1/3。

弯曲试验结果评定：完好评定为合格；按相关标准的要求，微裂纹、裂纹、裂缝中的长度和宽度只要在规定范围内，即可评定为合格，若其长度和宽度超出了标准的规定范围，即评定为不合格；裂断为不合格。

任务实施

一、试验前准备

1. 选择试验机

现有设备为 WES—600B 数显式万能试验机，并配备支辊式弯曲装置。

2. 弯曲试验试样的制备

（1）试样的截取：按图 4-1-5 所示的合格部位截取弯曲试样样坯，截取横弯试样 2 个（面弯和背弯数量各 1 个），试样宽度为 32mm，并做好试样标记。

（2）试样加工：拉伸试样上的焊缝余高应用机械方法去除，通常选择万能铣床进行铣削加工或刨床进行刨削加工，使之与母材平齐。

（3）试样尺寸：按图 4-2-4（a）加工试样。根据《钢制压力容器》（GB150－1998）要求，板接头弯曲试验的宽度 B＝30mm；试样长度 L≥d＋2.5a＋100mm；试样厚度 a 等于试样母材厚度 t，因此 a＝12mm，d＝3a；试样长度 L≥5.5a＋100mm＝166mm，取试样长度为 170mm。

二、弯曲试验操作

1. 确定试验参数

确定弯轴直径 d、弯曲角度 a 及支座距离 l。根据试样厚度为 12mm，计算出弯曲试验的弯轴直径 d＝3×12mm＝36mm；查表 4-2-1，材质 Q235A 的单面焊弯曲角度为 90°，弯曲试验支座距离 l＝5.2a＝62.4mm。

2. 调整试验机

（1）根据试样的规格，选择相应的支辊式弯曲装置，选择内辊弯曲压头。调整并确定弯曲装置支点间的距离。

（2）开动试验机，使工作台上升 10mm 左右，以消除工作台系统自重的影响。

（3）装夹试件。先将试样放在试验机的两支座之上，试样轴线应与弯曲压头轴线垂直，弯曲压头中心应对准焊缝中央，且弯曲试样的拉伸面放置在试验弯轴接触面的对面，如图 4-2-3（a）所示。

（4）开动试验机，弯曲压头在两支座之间的中点处对试样连续缓慢而均匀地施加弯曲力，直至达到规定的弯曲角度后，停止试验。

（5）卸除试验力，检查试样承受冷变形的能力；检查弯曲试样受拉面的开裂或其他缺陷的情况，并进行测量和记录。

三、试验结果评定

根据《钢制压力容器》（GB150－1998）要求及产品技术条件的规定，试样弯曲到规定的角度后，其拉伸面上沿任何方向不得有单条长度大于 5mm 的裂纹或缺陷，试样的棱角开裂一般不计，但由夹渣或其它焊接缺陷引起的棱角开裂长度应计入。若采用两片或多片试样时，每片试样都应符合上述要求。

本实验中，面弯试样和背弯都发现有轻微细小裂纹，长度均小于 2mm 以下；宽度也不大于 0.2mm，因此，本试验结果评定为合格。

四、撰写试验报告

弯曲试验检验报告样式见表 4-2-3。

表 4-2-3 弯曲检验报告

产品名称	压力容器	编 号	021	采用标准	GB150－1998
委托单位	＊＊＊＊＊	工程名称	＊＊＊＊＊＊	试验日期	＊＊＊＊＊
试验编号	＊＊＊＊＊	试验委托人	＊＊＊＊＊＊	委托日期	＊＊＊＊＊＊
委托检测项目		焊接接头弯曲试验			
弯曲试验					
试件编号	试件厚度	试件宽度	面弯	背弯	发现缺陷情况
032	12mm	30mm			细微裂纹
评定结果	微细小裂纹长度均小于 2mm 以下；宽度也不大于 0.2mm，评定为合格				
备注		试件弯曲角度为 180°			
批准		审核		主检	
报告日期					

任务评价

任务评价见表 4-2-4。

表 4-2-4 任务评价表

班级		姓名			日期	
序号	评价要点		评分标准		配分	得分
1	评定标准的选择		能查阅相关标准		10	
2	检测前准备		正确选择检测设备、材料、工具		10	
			拉伸试样加工正确		20	
3	检测基本操作		能正确调整支座距离		10	
			能正确操作设备对试样进行弯曲试验		20	
4	试验结果评定		能测量和记录试验结果，根据相关标准进行评定		20	
5	安全文明生产		穿戴劳动防护用品等		10	
总分合计					100	

【思考与练习】

1. 弯曲试验的原理是什么？
2. 弯曲试验的分类有哪些？
3. 简述弯曲试验的操作程序。

任务3 压力容器对接接头的冲击试验

学习目标

1. 熟悉冲击试验的试样取样方法和取样尺寸。
2. 掌握冲击试验的试样的制备方法及要求。
3. 正确掌握冲击试验设备的操作及相关的技能。
4. 能进行冲击试验结果的评定。

任务描述

冲击试验是用来测定焊缝金属或焊件的焊接热影响区在受冲击载荷时抵抗折断的能力（韧性），以及脆性转变的温度的试验。它能灵敏地反映材料因内部组织结构变化对性能的影响，所以生产中常用来检验材料质量和热加工工艺质量，特别是焊接件冲击韧性。某企业现以如图 4-3-1 所示的钢制压力容器，材质为 16MnR，厚度为 12mm，焊缝为 V 形坡口对接单面焊双形焊缝为焊接试板。焊后除了要求进行 X 摄像探伤外，还要求按《钢制压力容器》（GB150—1998）进行常温冲击试验，以检测其焊接接头的冲击韧性，以确保压力容器简体焊接接头的冲击韧性，从而确保设备的安全运行。现请检验班组试验后出具试验报告单以确定试板样件是否符合质量要求。

学习任务

（a）焊件实物

（b）接头示意图

图 4-3-1　钢制压力容器

任务分析

　　要对压力容器对接焊缝进行冲击试验的检测，首先应了解压力容器筒体的材质和规格以及冲击试验的相关标准，熟悉冲击试验的试样取样方法和取样尺寸，掌握试样的制备方法及要求，了解冲击试验设备的操作规程，正确掌握冲击试验的操作程序，熟知冲击试验的安全操作要求，从而正确掌握冲击试验的相关知识和技能，对冲击试验合格与否进行准确判断，撰写相应的试验报告。

相关知识

一、冲击试验原理

　　冲击试验是一种动态力学性能试验，主要用来测定冲断一定形状的试样所消耗的功，又叫冲击韧性试验。生产上常用来检验材料质量和热加工工艺质量，以及测定韧性——脆性转变温度，特别是焊接件冲击韧性。根据试样形状和破断方式，冲击试验分为弯曲冲击试验、扭转冲击试验和拉伸冲击试验三种。由于横梁式弯曲冲击试验法操作简单，因此应用最广。我国现行标准规定的冲击试验就是横梁式弯曲冲击试验，其试验所用标准试样以 V 形缺口试样和 U 形缺口试样为主。

二、冲击试验分类

　　由于材料的冲击韧性受温度影响很大，因此冲击试验结果与试验温度有很大关系，只有在与焊接结构工作相同温度条件下得出的结果才有比较的意义。冲击试验根据试验温度的不同，分为常温冲击试验、高温冲击试验和低温冲击试验。

　　1. 常温冲击试验

　　在室温下进行的冲击试验是常温冲击试验，可以测定材料在常温时的冲击韧性，以检验材料由于应力集中、变形速率增加等原因所产生的脆性状态的倾向。根据冲击值可用来控制冶炼显微组织差异和工艺的质量，以判断工艺规范的执行情况。焊接接头的常温冲击试验应按照《焊接接头冲击试验方法》（GB/T2650—2008）标准进行。焊接接头的冲击韧性是抗脆断能力的工程度量，它综合反映了材料强度和塑性的能力。

　　2. 高温冲击试验

　　有些结构需要在高温或低温环境下工作，某些材料在某温度区间内会由韧性较好的状态转变为脆性状态，为防止长期在高温下工作的机件早期开裂，故要通过高温冲击试验来研究材料在高温下的冲击韧性。使材料在较高的温度下进行冲击试验，以高温冲击韧性衡量材料在高温时承受冲击负荷下的力学性能。

　　3. 低温冲击试验

　　低温冲击试验的目的是检查或研究低温脆性倾向，改进材料低温韧性，选择抗低温韧性，保证工程结构在低温下的安全运行。低温冲击试验是测定金属从韧性状态转变为脆性状态的温度，由于工作温度低于本身的韧脆转变温度 Tk，因此，测定材料的韧脆转变温度非常重要。通过低温冲击试验得出不同的冲击韧性值，作出 ak—T 曲线，从而确定 T_k。

4. 示波冲击试验

以上介绍的三种冲击试验是采用普通的冲击试验机进行试验的，目前还有一种采用示波冲击试验机进行的冲击试验，称为示波冲击试验。示波冲击试验程序与一般冲击试验程序基本相同，但与普通冲击试验机相比，示波冲击试验机具有能量自动控制和记录功能，即试样的载荷——挠度曲线可从示波器上读出，实验数值可由打印机输出。

五、冲击试验的设备

目前，常用的冲击试验设备是冲击试验机，它是一种能瞬时测定和记录材料在受冲击过程中的特性曲线的一种试验机，用于测定金属材料的抗动荷冲击性能，从而判断材料在动负荷作用下的质量状况。冲击试验机分为手动摆锤式冲击试验机、半自动冲击试验机、全自动冲击试验机、微机屏显自动冲击试验机、超低温全自动冲击试验机等。

手动摆锤式冲击试验机、半自动冲击试验机和全自动冲击试验机的工作原理是一样的，只是其自动化程度不同而已。全自动冲击自动控制试验机操作简单、工作效率高，扬摆、冲击、放摆均采用电气控制，并能利用冲断试样后的剩余能量自动扬摆，为下次试验做好准备，特别适用于连续做冲击韧性较大材料的冲击试验和大批量冲击试验。具体可根据实际情况选择。图为常见的冲击试验机。

(a) JBW—300B微机屏显自动冲击试验机　(b) 手动摆锤式冲击试验机　(c) 全自动冲击试验机

图 4-3-2　常用冲击试验机

六、冲击试样

1. 冲击试样样坯

冲击试验的试样坯的截取应按《钢及钢产品力学性能试验取样位置及试样制备》（GB/T2975－1998）或相关产品标准规定执行，试样制备过程应使由于过热或冷加工硬化而改变材料冲击吸收能量的影响减至最小。按照产品的不同要求，冲击试样的缺口需要开在不同的位置，包括焊缝和热影响区两种开口位置。焊缝金属的冲击试样应在最后焊道的焊缝侧截取，缺口位于焊缝金属中央，热影响区的冲击试样的缺口轴线与熔合线交点间的距离应大于零，且应尽可能地通过热影响区。焊接接头冲击试样在焊缝处的三种不同位置，如图 4-3-3 所示。

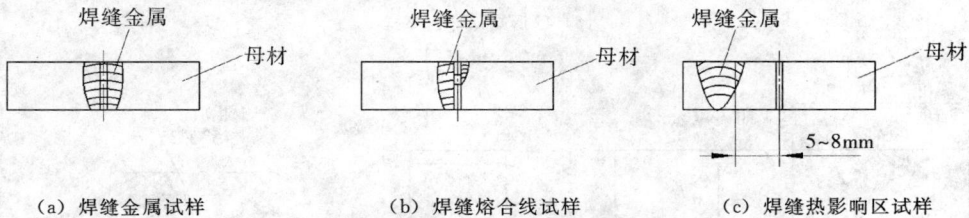

（a）焊缝金属试样　　　　（b）焊缝熔合线试样　　　　（c）焊缝热影响区试样

图 4-3-3　冲击试样的三种不同位置

（1）试样的取向：试样纵轴应垂直于焊缝轴线，缺口轴线应垂直于母材表面。

（2）取样位置：焊缝区试样的缺口轴线应位于焊缝中心线上。热影响区试样的缺口轴线至试样轴线与熔合线交点的距离不大于零，且应尽可能多的通过热影响区。

（3）焊接接头的试样数量：每种位置试样各 3 个。

2. 冲击试验的缺口形式及形状尺寸

（1）冲击试验的缺口形式

焊接接头冲击试验按《焊接接头冲击试验方法》（GB/T2650—2008）规定，采用夏比 V 形缺口试样为标准试样（简称 CVN 试样），也允许采用辅助 U 形缺口试样和辅助小尺寸试样。缺口应开在焊接接头处，以此作为测定冲击韧度的特定区域，以测得该区的冲击韧度。

（2）冲击试样的标准尺寸

冲击试样长度为 55mm，横截面为 10mm×10mm 方形截面。在试样长度中间有 V 形或 U 形缺口。如试件不够制备标准尺寸试样，可使用宽度 7.5mm、5mm 或 2.5mm 的小尺寸试样。

①夏比 V 形缺口冲击试样：标准样尺寸为 10mm×10mm×55mm，中间带有 2mm 深的 V 形缺口；辅助试样尺寸为 7.5mm×10mm×55mm 和 5mm×10mm×55mm，且中间带有 2mm 深的 V 形缺口。

②夏比 U 形缺口冲击试样：试样尺寸为 10mm×10mm×55mm，在长度方向的中间带有 2mm 深的 U 形缺口，也可采用 5mm 深的 U 形缺口试样。如图 4-3-4（a）、（b）所示为两种典型的 U 形和 V 形缺口冲击试样。

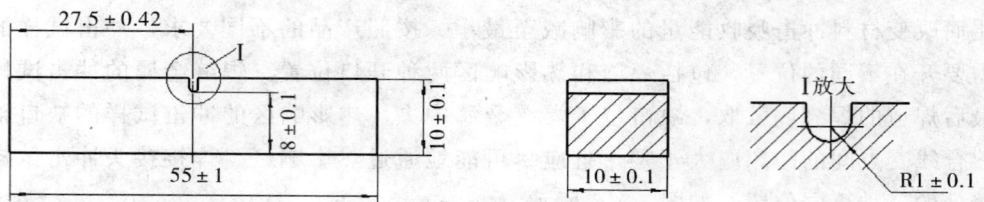

(a) U形缺口冲击试样

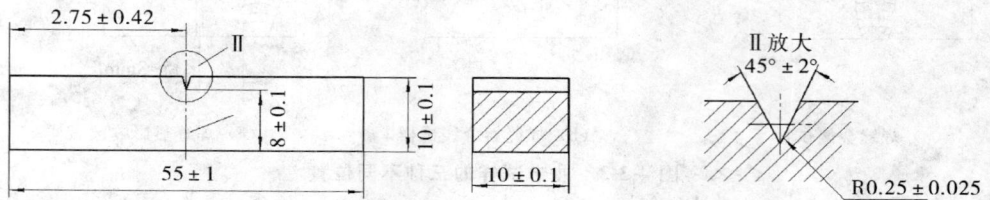

(b) V形缺口冲击试样

图 4-3-4　两种典型的冲击试样

3. 冲击试样的制备

（1）冲击试样的制备

①试样加工：通常选择万能铣床加工试样后，再选择磨床加工试样，使之表面粗糙度 R_a 值达到≤5μm 的要求，端部除外。

②试样尺寸：为确保焊接接头热影响区及熔合线的冲击试样达到如图 4-3-4 所示的长度要求，试样在缺口加工前均加工成长方体，尺寸为（75～80）mm×（10±0.1）mm×（10±0.1）mm。然后，用专用显示剂显现焊缝，确定并划出缺口加工轴线，以缺口轴线为中心线加工，使试样尺寸达到（55±0.1）mm×（10±0.1）mm×（10±0.1）mm。

③试样缺口加工：选择专用的设备（缺口拉床）加工试样缺口，试样缺口应符合如图 4-3-4 所示的要求。然后用冲击试样缺口投影仪检查试样缺口加工是否合格。

④每个区 3 个试样一组。

七、冲击试验的一般程序

1. 冲击试验条件的准备：包括确定检验的对象及要求、确定要求测定的性能指标、样坯的截取、试样形状的加工、试样尺寸的测量及温度的测定。

2. 冲击试验机的准备：包括冲击试验机的选择、试验机的检查和调试、试样的放置、放下摆锤进行试验。

3. 冲击试验的结果评定：读取并记录试样的冲击功，计算每组试样冲击功的平均值、检查试样的断口、评定试验数据、撰写检测报告及存档。

八、冲击试验工艺

1. 冲击试验要求

（1）标准选择：冲击试验方法、试验设备以及试验温度按《焊接接头冲击试验方法》（GB/T2650—2008）规定进行。

（2）试验温度：

①对于试验温度有规定的，应在规定温度±2℃范围内进行。如果没有规定，室温冲击试验应在23℃±5℃范围进行。

②当使用液体介质冷却试样时，试样应放置于容器中的网栅上，网栅至少高于容器底部25mm，液体浸过试样高度至少25mm，试样距容器侧壁至少10mm。应连续均匀搅拌介质以使温度均匀。测定介质温度的仪器推荐置于一组试样中间处。介质温度应在规定温度±1℃以内，保持至多5min。当使用气体介质冷却试样时，试样距低温装置内表面以及试样与试样之间应保持足够的距离，试样应在规定温度下保持至少20min。

③对于试验温度不超过200℃的试验，试样应在规定温度±2℃的液池中保持至少10min。对于试验温度超过200℃的试验，试样应在规定温度±5℃以内的高温装置内保持至少20min。

（3）试样的转移：当试验不在室温进行时，试样从高温或低温装置中移出至打断的时间应不大于5s。转移装置的设计和使用应能使试样温度保持在允许的温度范围内。转移装置与试样接触部分应与试样一起加热或冷却。应采取措施，确保试样对中装置不引起低能力、高强度试样断裂后回弹到摆锤上而引起不正确的能力偏高指示。试样端部和对中装置的间隙或定位部件应大于13mm，否则在断裂过程中，试样端部可能回弹至摆锤上。

2. 冲击试验设备选择

（1）试验设备选择

根据单位现有设备情况选择合适的设备。设备应按相关标准进行调试和检验合格；试验前检查摆锤空打时的回零差或空载能耗，同时应检查砧座跨距，砧座跨距应保证在40mm±0.2mm以内。

（2）摆锤的选择

根据冲击能量的大小，摆锤分大锤和小锤（其冲击功的最大极限值不同）。冲击试验机可测的最大冲击功值是以大锤的冲击功的最大极限值而定的。因此，应根据材料冲击功的大小选择合适的摆锤进行试验。

九、试验结果评定

1. 试样的冲击吸收功

读取每个试样的冲击吸收功，应至少估读到0.5J或0.5个标度单位（取两者之间较小值）。试验结果至少应保留两位有效数字，修约方法按《数值修约规则与极限数值的表示和判定》（GB/T8170—2008）执行。

2. 试样未完全断裂

对于试样试验后没有完全断裂，可以报出冲击吸收能量，或与完全断裂试样结果作平均处理后报出。由于试验机打击能量不足，试样未完成断开，吸收能量不能确定，实验报告应注明用×J的试验机试验，试样未断开。

3. 试样卡锤

如果试样卡在试验机上，试验结果无效，应彻底检查试验机，否则试验机的损伤会影响测量的准确性。

4. 断口检查

如断裂后检查显示出试样标记是在明显的变形部位，试验结果可能不代表材料的性能，应在试验报告中注明。

十、撰写试验报告

试验报告应包括以下内容：执行的国家标准编号；试样相关资料（钢种、炉号等）；缺口类型（缺口深度）；与标准尺寸不同的试样尺寸；试验温度；每组冲击吸收功的平均值；可能影响试验的异常情况。

任务实施

一、试验前准备

1：选择冲击试验机

现有设备为 JB—300B 摆锤式冲击试验机，设备应由国家授权的计量检测部门负责检测，检测周期为 1 年，同时选择摆锤为大锤。

2. 冲击试样准备

（1）样坯的制取：试样纵轴应垂直于焊缝轴线，缺口轴线应垂直于母材表面。

（2）取样位置：焊缝区试样的缺口轴线应位于焊缝中心线上。热影响区试样的缺口轴线至试样轴线与熔合线交点的距离大于零，且应尽可能多地通过热影响区。

（3）焊接接头试样数量：每种位置试样各 3 个。

3. 冲击试样的制备

（1）用机械方法（铣削加工和磨削加工）加工试样，加工方向应垂直焊缝方向，先加工试样为长方体，试样表面粗糙度 Ra 值≤51μm，同时做好试样标记移植。

（2）3 组试样经显示剂腐蚀后，焊缝清晰显现；分组划线，标记出缺口位置中心轴线，以缺口中心轴线位置为试样长度方向的中心线，再用机械方法（铣削）加工试样端部，使试样尺寸均达到规定尺寸，试样表面粗糙度 Ra 值≤5μm，同时做好试样标记移植。

（3）将试样拉出 V 形缺口，试样缺口应符合要求。

二、试验操作

按《焊接接头冲击试验方法》（GB/T2650－2008）规定进行。

1. 试验前检查摆锤空打时的回零差或空载能耗。

2. 在投影仪上检查试样 V 形缺口是否合格，再将合格的试样放到 JB－300B 冲击试验机两支座之间，用定位器确保试样放置到试验机正确的位置，试样应紧贴试验机砧座，试样缺口对称面与两砧座间的中点应相对应，缺口背向打击面放置。

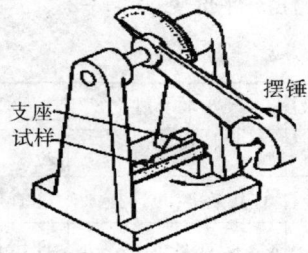

图 4-3-5　摆锤式冲击试验

3. 进行冲击试验：放锤冲击，用摆锤一次打击试样，锤刃沿缺口对称面打击试样缺口的背面（如图 4-3-5所示），读取并记录每个试样冲击试验的冲击功（测定试样的吸收能量），完成试验。

三、实验结果评定

每个区 3 个试样为一组的常温的冲击吸收功平均值应符合图样或相关技术文件规定，且不得小于 27J，最多允许有 1 个试样的冲击吸收功低于规定值，但不低于规定值的 70%。本试验结果为 16MnR 材质的冲击功 $A_{kv} \geqslant 27J$。因此，冲击试验结果评定为合格。

四、撰写试验报告

冲击试验报告样式见表 4-3-1。

表 4-3-1　冲击试验报告

材质	16MnR	样片数量	3
委托单位	＊＊＊＊＊＊	委托编号	＊＊＊＊＊＊
试验项目	冲击试验	试验依据	GB/T2650－2008
试验日期	＊＊＊＊＊＊	试验编号	＊＊＊＊＊＊
样片编号及名称	试验条件	试验结果冲击强度（KV2）	
检测结果：			
批准：　　　　　　审核：　　　　　　主检：			
报告日期			

任务评价

任务评价见表 4-3-2。

表 4-3-2　任务评价表

班级		姓名		日期	
序号	评价要点		评分标准	配分	得分
1	评定标准的选择		能查阅相关标准	10	
2	检测前准备		冲击试样截取位置正确	10	
			试验形状和尺寸加工正确	20	
			试验机的选择和调整正确	20	
3	试验操作		能正确操作设备对试样进行冲击试验	20	
4	试验结果评定		能测量和记录试验结果，根据相关标准进行评定	20	
	总分合计			100	

【思考与练习】

　1. 冲击试验的原理和目的是什么？

　2. 冲击试验的分类有哪些？

　3. 简述冲击试验的操作程序。

任务4　压力容器焊接接头的金相组织的分析

学习目标

　1. 学会正确截取焊接接头试样。

　2. 会叙述金相显微镜原理及结构。

　3. 能进行金相试样的制备。

　4. 能进行金相检验。

任务描述

　　某企业在生产如图 4-4-1 所示的换热器时，管板角焊缝是主要应用在换热器设备制造中的焊接方式，它是将换热管的端部与管板焊在一起来进行固定。换热器设备在施焊前，质检员都要做焊接工艺评定试件来对其焊接条件、工艺、焊后焊缝质量进行评定，焊缝的金相检验也作为其中的一个标准项目来进行焊接质量的验收。现请检验班组在金相检验后出具检验报告单以确定试件是否符合质量要求。

学习任务

图 4-4-1 换热器

任务分析

　　金相检验可用来检验焊缝金属及热影响区的组织、晶粒度以及各种夹杂物、缺陷等，分为宏观金相检验和微观金相检验。金相检验技术是材料化学成分——加工工艺——显微组织——力学性能之间联系的桥梁，可为提高材料性能而制定和改善加工工艺提供可靠的技术依据；金相检验技术是检查产品质量和发展新材料、新工艺的重要技术手段。该项的目的和任务是通过学生的理论学习和实践学习，切实掌握金相分析检验技术。

相关知识

一、焊接金相检验实验概述

　　金相分析是研究工程材料内部组织结构的主要方法（金相显微分析法），是利用金相显微镜在专门制备的试样上观察材料的组织和缺陷的方法。焊接金相检验（或分析）是把截取焊接接头上的金属试样经加工、磨光、抛光和选用适当的方法显示组织后，用肉眼或在显微镜下进行组织观察，并根据焊接冶金、焊接工艺、金属相图与相变原理和有关技术文件，对照相应的标准和图谱，定性或定量地分析接头的组织形貌特征，从而判断焊接接头的质量和性能，查找接头产生缺陷或断裂的原因以及与焊接方法或焊接工艺之间的关系。

二、金相检验的分类

　　金相分析包括光学金相分析和电子金相分析。光学金相分析包括宏观和显微分析两种。

　　1. 宏观组织检验

　　宏观组织检验亦称低倍检验，直接用肉眼或通过 20～30 倍以下的放大镜来检查经侵蚀或不经过侵蚀的金属截面，从而确定其宏观组织及缺陷的类型。该检验法能在一个很大的视域范围内，对材料的不均匀性、宏观组织缺陷的分布和类别等进行检测和评定。对于焊接接头主要观察焊缝一次结晶的方向、大小、熔池形状和尺寸，各种焊接缺陷如夹杂物、裂纹、未焊透、未熔合、气孔、焊道成形不良等。也可观察焊层断面形态，焊接熔合线，焊接接头各区域（包括热影响区）的界限尺寸等。

2. 显微组织检验

它是指利用光学显微镜（放大倍数在 50～2000 之间）检查焊接接头各区域的微观组织、偏析和分布，通过微观组织分析，研究母材、焊接材料与焊接工艺存在的问题及解决的途径。例如，对焊接热影响区中过热区组织形态和各组织百分数相对量的检查，可以估计出过热区的性能，并可根据过热区组织情况来决定对焊接工艺的调整，或者评价材料的焊接性等。

三、金相组织制样程序

金相分析是研究金属及合金内部组织及结构的一种常见方式，也是最重要的研究方式之一。而在金相分析方法中最重要的一环是金相样品的制备。由于所研究的材料的不同，试样的制备方法也不同，一般程序为：取样、镶嵌、磨制、抛光、侵蚀等步骤。

1. 金相试样的取样

取样部位的选择应根据检验的目的选择有代表性的区域。试样切取方法，可以根据取样零件的大小、材料的性能、现场实际条件灵活选取切取试样的方法。常见的形式有四类：机械切割、气切割、电弧切割、电解切割等。

①原材料及锻件的取样：原材料及锻件的取样主要应根据所要检验的内容进行纵向取样和横向取样。

纵向取样检验的内容包括：非金属夹杂物的类型、大小、形状；金属变形后晶粒被拉长的程度；带状组织等。

横向取样检验的内容包括：检验材料自表面到中心的组织变化情况；表面缺陷；夹杂物分布；金属表面渗层与覆盖层等。

②事故分析取样：当零件在使用或加工过程中被损坏，应在零件损坏处取样然后再在没有损坏的地方取样，以便于对比分析。

2. 金相试样的镶嵌

在金相试样的制备过程中，有许多试样直接磨抛（研磨、抛光）有困难，所以应进行镶嵌。经过镶嵌的样品，不但磨抛方便，而且可以提高工作效率及试验结果准确性。通常进行镶嵌的试样有：形状不规则的试件；线材及板材；细小工件；表面处理及渗层镀层；表面脱碳的材料等。以下为常用的样品镶嵌方法（见图 4-4-2）。

（1）机械镶嵌法：机械镶嵌法系试样放在钢圈或小钢夹中，然后用螺钉和垫块加以固定的方法。该方法操作简便，适合于镶嵌形状规则的试样。

（2）树脂镶嵌法：树脂镶嵌法是利用树脂来镶嵌细小的金相试样，可以将任何形状的试样镶嵌成一定尺寸的试样。树脂镶嵌法可分为热压和浇注镶嵌法两类。

①热压镶嵌法：热压镶嵌法是将聚氯乙烯、聚苯乙烯或电木粉经加热至一定温度并施加一定压力和保温一定时间，使镶嵌材料与试样紧固地粘合在一起，然后进行试样研磨的方法。热压镶嵌需要用镶嵌机来完成。

②浇注镶嵌法：由于热压镶嵌法需要加热和加压，对于淬火钢及软金属有一定影响，故可采用冷浇注法。浇注镶嵌法适用于不允许加热的试样、较软或熔点低的金属，形状复杂的试样、多孔性试样等，或在没有镶嵌设备的情况下应用。实践证明采用环氧树脂较好，常用配方为：环氧树脂90g，乙二胺10g，还可以加入少量增塑剂（邻苯二甲酸二丁酯）。按以上配比搅拌均匀，注入事先准备好的金属圈内，圈内先将试样安置妥当，约2～3h后即可凝固脱模。

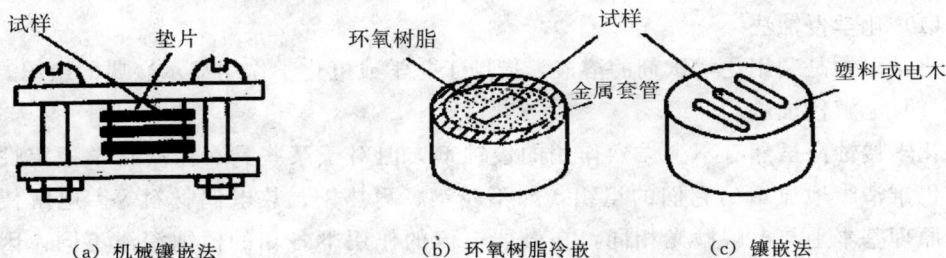

(a) 机械镶嵌法　　　　(b) 环氧树脂冷嵌　　　　(c) 镶嵌法

图 4-4-2　金相试样镶嵌方法

3. 金相试样的磨制

金相试样经切割或镶嵌后，需进行一系列的研磨工作，才能得到光亮的磨面。研磨的过程包括磨平、磨光、抛光3个步骤。

（1）磨平（粗磨）：试样截取后，第一步进行粗磨，粗磨一般在落地砂轮上进行。磨料粒度的粗细，对试样表面粗糙度和磨削效率有一定影响，粗磨时，还应注意蘸水冷却，防止组织变化。

（2）磨光（细磨）：试样经粗磨后表面虽已平整，但还存在较深的磨痕及表面加工变形层，需要通过从粗到细的不同金相砂纸的磨制，把它们逐渐减轻减薄，为进一步抛光做好准备。金相砂纸是磨光金相试样的重要材料，一般采用的磨料为碳化硅和氧化铝。手工磨光试样时，砂纸应放在玻璃板上，依次用240号、600号、水砂纸、0、01、02、03号金相砂纸磨光，每更换一道砂纸，试样应转动90°，并使前一道的磨痕彻底去除。除了手工细磨外，还可用金相试样预磨机机械细磨，但磨光时需注意用水冷却，避免磨面过热。

（3）抛光：抛光的目的是在于去除金相磨面由细磨所留下的细微磨痕及表面变形

层，使磨面成为无划痕的光滑镜面。金相试样的抛光方法有：

①机械抛光：机械抛光是靠抛光微粉的磨削和滚压作用，把金相试样抛成光滑的镜面。抛光时抛光微粉嵌入抛光织物的间隙内，相当于磨光砂纸的切削作用。

②电解抛光：电解抛光采用电化学溶解作用，使试样达到抛光的目的。电解抛光速度快，一般试样经过 0 号或 00 号砂纸磨光后即可进行电解抛光。经电解抛光的金相试样能显示材料的真实组织，尤其是硬度较低的金属或单相合金，对于极易加工变形的合金，像奥氏体不锈钢、高锰钢等采用电解抛光更为合适。但不适用于偏析严重的金属材料、铸铁以及夹杂物试样的检验。

4. 金相试样的侵蚀

在某些合金中，由于各相组成物的硬度差别较大，或由于各相本身色泽显著不同，在显微镜下能分辨出它的组织。但大部分的显微组织均需经过不同方法的侵蚀，才能显示出各种组织来，常用的金属组织侵蚀法有化学侵蚀及电解侵蚀法等。

（1）化学侵蚀法

化学侵蚀是利用化学试剂的溶液，借助于化学或电化学作用显示金属的组织。

（2）电解侵蚀法

化学侵蚀法虽然有不少强烈作用的侵蚀剂，但对于某些具有极高化学稳定性的合金，仍难清晰地显示出它们的组织，如不锈钢、耐热钢、热电偶材料等。电解侵蚀的工作原理基本上与电解抛光相同，在微弱电流的作用下各相的侵蚀深浅不同，因而能显示各相的组织。

四、金相检验设备

常用的金相检验设备有金相显微镜（单目，双目，三目，倒置，正置，视频，金相分析软件）以及金相制样设备（金相切割机，金相研磨机，金相抛光机，金相镶嵌机）和金相耗材（砂纸，切割片，金相镶嵌料）等。

1. 金相显微镜

（1）XJP－6A 倒置金相显微镜（见图 4-4-3）

该显微镜按人机工程学设计，配置了专门设计的金相平场消色差物镜、偏光装置及 1× 或 0.6× 摄像接筒，可接 CCD、数码相机或由生产公司特殊设计的 130 万、200 万或 320 万像素的数码摄像头，具有外形美观、稳定可靠、像质优异、使用便捷等优点，可广泛应用于工厂、学校和相关的科研部门，是金属材料检验、铸件质量检查、鉴定以及金属材料处理后金相组织分析、研究的理想仪器，在 IT 芯片、液晶显示器基板的检测等方面也可发挥重要作用。

图 4-4-3　XJP—6A 倒置金相显微镜

（2）MLT—3000 正置金相显微镜（见图 4-4-4）

该显微镜适用于对不透明物体的显微观察。本仪器配有落射照明器、平场消色差物镜、大视野目镜，图象清晰、衬度好，是金属学、矿物学、精密工程学、电子学等研究、检查、检测的理想仪器。适用于学校、科研、工厂等部门使用。

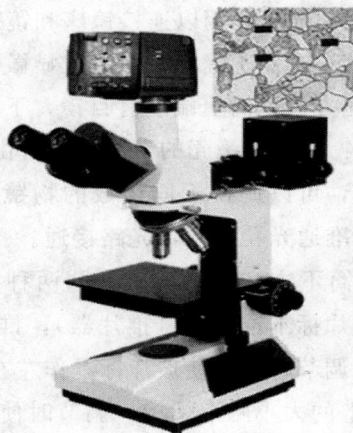

图 4-4-4　MLT—3000 正置金相显微镜

（3）显微镜的组成结构

普通光学显微镜的构造主要分为三部分：机械部分、照明部分和光学部分。其结构图见图 4-4-5 所示。

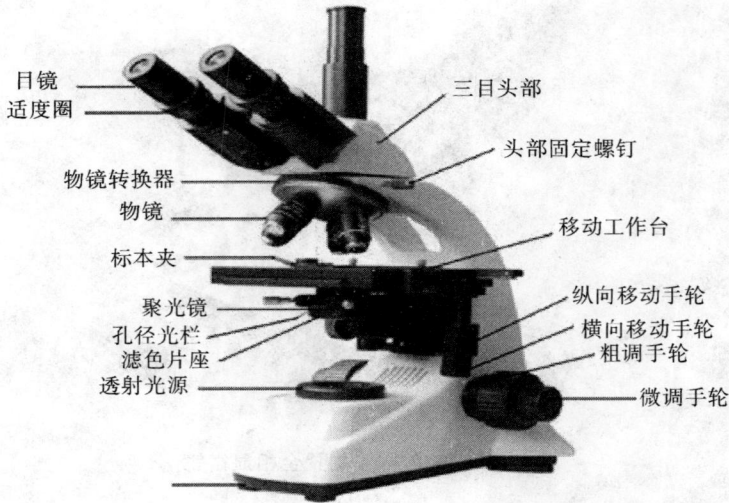

图 4-4-5　显微镜结构图

①机械部分

A. 镜座：是显微镜的底座，用以支持整个镜体。

B. 镜柱：是镜座上面直立的部分，用以连接镜座和镜臂。

C. 镜臂：一端连于镜柱，一端连于镜筒，是取放显微镜时手握部位。

D. 镜筒：连在镜臂的前上方，镜筒上端装有目镜，下端装有物镜转换器。

E. 物镜转换器（旋转器）：接于棱镜壳的下方，可自由转动，盘上有 3～4 个圆孔，是安装物镜部位。转动转换器，可以调换不同倍数的物镜，当听到碰叩声时，方可进行观察，此时物镜光轴恰好对准通光孔中心，光路接通。

F. 镜台（载物台）：在镜筒下方，形状有方、圆两种，用以放置玻片标本，中央有一通光孔，其镜台上装有玻片标本推进器（推片器），推进器左侧有弹簧夹，用以夹持玻片标本，镜台下有推进器调节轮，可使玻片标本作左右、前后方向的移动。

G. 调节器：是装在镜柱上的大小两个螺旋，调节时使镜台作上下方向的移动。大螺旋称粗调节器，移动时可使镜台作快速和较大幅度的升降，所以能迅速调节物镜和标本之间的距离使物象呈现于视野中，通常在使用低倍镜时，先用粗调节器可迅速找到物象。小螺旋称细调节器，移动时可使镜台缓慢地升降，多在运用高倍镜时使用，从而得到更清晰的物象，并借以观察标本的不同层次和不同深度的结构。

②照明部分

装在镜台下方，包括反光镜、集光器等。

A. 反光镜：装在镜座上面，可向任意方向转动，它有平、凹两面，其作用是将光源光线反射到聚光器上，再经通光孔照明标本，凹面镜聚光作用强，适于光线较弱时使用，平面镜聚光作用弱，适于光线较强时使用。

B. 集光器（聚光器）：位于镜台下方的集光器架上，由聚光镜和光圈组成，其作用是把光线集中到所要观察的标本上。

C. 聚光镜：由一片或数片透镜组成，起汇聚光线的作用，加强对标本的照明，并使光线射入物镜内，镜柱旁有一调节螺旋，转动它可升降聚光器，以调节视野中光亮度的强弱。

D. 光圈（虹彩光圈）：在聚光镜下方，由十几张金属薄片组成，其外侧伸出一柄，推动它可调节其开孔的大小，以调节光量。

③光学部分

A. 目镜：装在镜筒的上端，通常备有 2～3 个，上面刻有"5×"、"10×"或"15×"符号以表示其放大倍数，一般装的是 10×的目镜。

B. 物镜：装在镜筒下端的旋转器上，一般有 3～4 个物镜，其中最短的刻有"10×"符号的为低倍镜，较长的刻有"40×"符号的为高倍镜，最长的刻有"100×"符号的为油镜，此外，在高倍镜和油镜上还常加有一圈不同颜色的线，以示区别。显微镜的放大倍数是物镜的放大倍数与目镜的放大倍数的乘积，如物镜为 10×，目镜为 10×，其放大倍数就为 10×10＝100。

2. 金相切割机（图 4-4-6）

金相切割机是利用高速旋转的薄片砂轮来截取金相试样，它广泛地用在金相实验室内切割各种金属材料。由于该机附有冷却装置，可用来带走切割时所产生的热量，因而避免了试样遇热而改变其金相组织。

图 4-4-6　QG－2 金相试样切割机

3. 金相抛光机

在金相试样制备过程中，试样的抛光是一道主要工序。经过磨光的试样，在抛光机上抛光后，可获得光亮如镜的表面，PG－2、PG－2A 抛光机具有传动平稳、噪音小、操作维修方便等优点，且具有光盘直径和传递功率大，能适应各种材料的抛光要求的特点。PG－2A 抛光机如图 4-4-7 所示。

图 4-4-7　PG－2A 抛光机

4. 金相试样镶嵌机

镶嵌机适用于对不是整形、不易于拿的微小金相试样进行热固性塑料压制。成形后可方便地进行试样打磨抛光操作，也有利于在金相显微镜下进行显微组织测定。常见的有手动金相试样镶嵌机和自动金相试样镶嵌机，如图 4-4-8 所示。

（a）手动金相镶嵌机　　　　　　　　　　（b）自动金相镶嵌机

图 4-4-8　金相镶嵌机

任务实施

一、试验前准备

1. 设备准备：金相切割机、砂轮机、镶嵌机、预磨机、抛光机、吹风机、显微镜。

2. 材料：金相砂纸、抛光粉、抛光布、浸蚀剂、棉球、酒精。

二、试验操作

1. 金相显微试样的制备方法

沿焊道在 4 个 90°横截面上分别取金相试样，任一试件取 4 个检查面。

为了能够在金相显微镜下真实地、清楚地观察到金属内部的显微组织，需要精心地制备金相显微试样。采用机械抛光法把试样磨面抛成近似光滑镜面。

2. 试样侵蚀

经精抛并经显微镜检查合格的试样，即可浸入盛于玻璃器皿中的浸蚀剂中进行浸蚀，操作时试样需不断轻微地晃动，但抛光面不得与器皿底面接触。也可用蘸有浸蚀剂的棉球轻轻擦拭或用吸管滴蚀试样抛光表面。所用浸蚀剂不可放置过久，应保持清洁新鲜。

浸蚀完毕后，立即取出，并迅速用水冲洗。然后再用无水酒精洒洗，热风吹干。浸蚀好的试样应保持清洁，浸蚀面不能用手触摸，不得与其他物件碰撞，并立即观察拍照。若需暂时搁置，试样应放入干燥器内，防止沾污、氧化。

3. 试样结果评定

先用低倍镜镜头观察焊缝区及热影响区全貌，再用高倍镜镜头逐区进行观察，注意识别各区的金相组织特征，若宏观检查显示出存在有疑问区域，则必须进行微观检查。根据相关标准的技术要求，焊缝处应无裂纹、未焊透等缺陷，如果有此缺陷应判为不合格品，需要重新施焊。如果焊缝处发现气孔、夹渣等现象，应进行重新取样、检验。试件属于焊接工艺评定试件，按照规定需进行保存，检验完后，写明试件名称、检验时间等项目后装袋保存。

三、撰写试验报告

按照试验报告应包括的内容来撰写试验报告，报告样式见表 4-4-1。

表 4-4-1　焊缝的宏观和微观金相检验报告

编号：

制造单位	＊＊＊＊＊＊＊＊＊＊		
检验目的	接头焊接缺陷	检验对象	换热器管板焊
母材材质	20 钢	产品数量	4
腐蚀方法	4％硝酸酒精溶液	放大倍数	100×
参照的方法、标准	GB226—1991		
结论意见：未发现焊缝根部有裂痕、未熔合、未焊透等现象			
检验：　　　　　　　日期：		检验机构：	
审核：　　　　　　　日期：		（章） 　　年　　月　　日	

任务评价

任务评价见表 4-4-2。

表 4-4-2　任务评价表

班级		姓名		日期	
序号	评价要点		评分标准	配分	得分
1	检测材料准备		能准备实验用的各种设备及材料	10	
2	检验接头试样制备		能进行试样的截取	10	
			能进行试样的加工	20	
			能进行试样的研磨、抛光	20	
3	试验操作		能正确操作设备对试样进行金相实验	20	
4	试验结果评定		能测量和记录试验结果，根据相关标准进行评定	20	
总分合计				100	

【思考与练习】

1. 金相检验的分类有哪些？
2. 金相检验的目的是什么？
3. 简述金相检验的基本程序。

参考文献

1. 张应立,周玉华主编．焊接试验与检验使用手册．中国石化出版社,2012.

2. 戴建树主编．焊接生产管理与检测．国家机械职业教育热加工类专业教学指导委员会．机械工业出版社,2011.

3. 中国国家标准化委员会编写．金属熔化焊焊接接头射线照相 GB/T3323 - 2005. 中国标准出版社,2005.

4. 国家发展和改革委员会编写．承压设备无损检测 JB/T4730.1 - 4730.6 - 2005(合订本)．新华出版社,2005.